CHOUSHUI XUNENG DIANZHAN TONGYONG SHEJI

抽水蓄能电站通用设计

地下洞室群通风系统分册

国网新源控股有限公司 组编

中国电力出版社
CHINA ELECTRIC POWER PRESS

内容提要

为进一步提升抽水蓄能电站标准化建设水平，深入总结工程建设管理经验，提高工程建设质量和管理效益，国网新源控股有限公司组织有关研究机构、设计单位和专家，在充分调研、精心设计、反复论证的基础上，编制完成了《抽水蓄能电站通用设计》系列丛书，本丛书共5个分册。

本书为《地下洞室群通风系统分册》，主要内容有14章，分别为概述、编制过程、设计依据、设计方案及设计条件、主要设计原则、设计使用说明、南方地下洞室群通风系统（南方方案）设计说明、南方地下洞室群通风系统（南方方案）主要设备清册、南方地下洞室群通风系统（南方方案）使用说明、北方地下洞室群通风系统（北方方案）设计说明、北方地下洞室群通风系统（北方方案）主要设备清册、北方地下洞室群通风系统（北方方案）使用说明、排风竖井设计说明、排风竖井设计使用说明。附录为典型方案设计图。

本丛书适合抽水蓄能电站设计、建设、运维等有关技术人员阅读使用，其他相关人员可供参考。

图书在版编目（CIP）数据

抽水蓄能电站通用设计．地下洞室群通风系统分册 / 国网新源控股有限公司组编．—北京：中国电力出版社，2020.7

ISBN 978-7-5198-4190-4

Ⅰ．①抽…　Ⅱ．①国…　Ⅲ．①抽水蓄能水电站－地下洞室－通风系统－工程设计　Ⅳ．①TV743

中国版本图书馆CIP数据核字（2020）第019086号

出版发行：中国电力出版社
地　　址：北京市东城区北京站西街19号
邮政编码：100005
网　　址：http://www.cepp.sgcc.com.cn
责任编辑：孙建英（010-63412369）
责任校对：黄　蓓　朱丽芳
装帧设计：赵姗姗
责任印制：吴　迪

印　　刷：三河市航远印刷有限公司
版　　次：2020年7月第一版
印　　次：2020年7月北京第一次印刷
开　　本：787毫米×1092毫米　横16开本
印　　张：5.25
字　　数：165千字
印　　数：0001—1000册
定　　价：78.00元

编　委　会

前　言

抽水蓄能电站运行灵活、反应快速，是电力系统中具有调峰、填谷、调频、调相、备用和黑启动等多种功能的特殊电源，是目前最具经济性的大规模储能设施。随着我国经济社会的发展，电力系统规模不断扩大，用电负荷和峰谷差持续加大，电力用户对供电质量要求不断提高，随机性、间歇性新能源大规模开发，对抽水蓄能电站发展提出了更高要求。2014 年国家发展改革委下发“关于促进抽水蓄能电站健康有序发展有关问题的意见”，确定“到 2025 年，全国抽水蓄能电站总装机容量达到约 1 亿 kW，占全国电力总装机的比重达到 4%左右”的发展目标。

抽水蓄能电站建设规模持续扩大，大力研究和推广抽水蓄能电站标准化设计，是适应抽水蓄能电站快速发展的客观需要。国网新源控股有限公司作为全球最大的调峰调频专业运营公司，承担着保障电网安全、稳定、经济、清洁运行的基本使命，经过多年的工程建设实践，积累了丰富的抽水蓄能电站建设管理经验。为进一步提升抽水蓄能电站标准化建设水平，深入总结工程建设管理经验，提高工程建设质量和管理效益，国网新源控股有限公司组织有关研究机构、设计单位和专家，在充分调研、精心设计、反复论证的基础上，编制完成了《抽水蓄能电站通用设计》系列丛书，包括上下水库区域地表工程、地下洞室群通风系统、物防和技防设施配置、装饰设计、装饰材料五个分册。

本通用设计坚持“安全可靠、技术先进、保护环境、投资合理、标准统一、运行高效”的设计原则，追求统一性与可靠性、先进性、经济性、适应性和灵活性的协调统一。该书凝聚了抽水蓄能行业诸多专家和广大工程技术人员的心血和智慧，是公司推行抽水蓄能电站标准化建设的又一重要成果。希望本书的出版和应用，能有力促进和提升我国抽水蓄能电站建设发展，为保障电力供应、服务经济社会发展做出积极的贡献。

由于编者水平有限，不妥之处在所难免，敬请读者批评指正。

编者

2019 年 12 月

目　录

第1章 概 述

1.1 主要内容

抽水蓄能电站通用设计是国家电网有限公司标准化建设成果的有机组成部分，地下洞室群通风系统分册设计总结国网新源控股有限公司（简称国网新源公司）已建及在建电站的经验，结合国内抽水蓄能电站建设及发展趋势，根据抽水蓄能电站对通风系统的要求，主要针对南方和北方不同地域的气候特点对地下洞室群通风、空调、除湿、供暖及防排烟等方面进行系统布置设计，分为南方和北方地下洞室群通风系统共2个典型方案，分别是南方地下洞室群通风系统方案（简称南方方案）、北方地下洞室群通风系统方案（简称北方方案）。

1.2 指导思想

采用三维设计手段，遵循国家电网有限公司通用设计的原则：安全可靠、环保节约；技术先进、标准统一；提高效率、合理造价；针对抽水蓄能电站工程不同地域条件地下洞室群通风系统进行通用设计编制。通风系统设计方案尽量做到可靠性、统一性、适应性、经济性、先进性和灵活性的协调统一。针对抽水蓄能电站工程不同地域条件地下洞室群通风系统进行通用设计编制。

（1）可靠性。确保地下洞室群通风系统运行安全可靠，确保工程投运后抽水蓄能电站的安全稳定、可靠地运行。

（2）统一性。建设标准统一，基建和生产运行的标准统一，地下洞室群通风系统布置格局需体现抽水蓄能电站工程地下洞室群通风系统布置要求和国家电网有限公司企业文化特征。

（3）适应性。综合考虑抽水蓄能电站工程地形、气候等工程条件与地下洞室群布置特征，结合已建、在建抽水蓄能电站工程建设经验以及抽水蓄能电站开发趋势，选定的典型性方案在国内南、北方抽水蓄能电站工程建设具有广泛的适用性。

（4）经济性。按照全寿命周期设计理念和方法，在保证可靠性的前提下，实现工程全寿命周期内地下洞室群通风系统布置功能匹配、寿命协调、费用平衡。

（5）先进性。通风系统设计体现原始创新、集成创新和引进消化吸收再创新能力，坚持技术进步，推广应用新技术。设计成果代表国内抽水蓄能电站工程地下洞室群通风系统先进设计水平，并建立滚动修订机制，不断完善设计成果。

（6）灵活性。设计成果可在国内相应地域新建抽水蓄能工程地下洞室群通风系统中灵活应用。

1.3 工作组织

为了加强组织协调工作，成立了抽水蓄能电站地下洞室群通风系统设计工作组、编制组和专家组，分别开展相关工作。

工作组以国家电网有限公司基建部为组长单位，国网新源公司为副组长单位，编制单位为成员单位，主要负责通用设计总体工作方案策划、组织、指导和协调通用设计研究编制工作。

地下洞室群通风系统分册由中国电建集团中南勘测设计研究院有限公司负责设计与编制。

第2章 编 制 过 程

2016年4月，国网新源公司对抽水蓄能电站工程通用设计进行公开招标，中国电建集团中南勘测设计研究院有限公司（简称中南院）中标承担地下洞室群通风系统分册的设计与编制工作。

2016年5月，启动通用设计相关工作，项目组进行相关调研、资料收集，并与其他设计单位沟通讨论相关技术问题，同时进行报告编写工作。

2016年8月，中南院提交地下洞室群通风系统分册初步成果。

2016 年 8 月 31 日，国网新源公司组织专家对地下洞室群通风系统分册初步成果进行了评审，提出了评审意见。

2016 年 10 月，根据评审意见，中南院完成地下洞室群通风系统分册成果送审稿，并提交国网新源公司审查。

2017 年 10 月 30 日，国网新源公司组织专家对地下洞室群通风系统分册成果送审稿进行了评审，提出了评审意见。

2018 年 3 月，根据评审意见，中南院完成地下洞室群通风系统分册审定本，并提交国网新源公司验收。

2018 年 11 月 23 日，国网新源公司组织专家对地下洞室群通风系统分册成果召开了审查定稿会，成果满足合同要求。

2018 年 11 月，根据评审意见已修改完善，具备出版条件。

第 3 章　设　计　依　据

本通用设计按照抽水蓄能电站通用设计（地下洞室群通风系统分册）研究合同要求，在对已建、在建抽水蓄能电站地下洞室群通风系统布置进行广泛深入研究的基础上，开展研究设计工作。

3.1　设计依据文件

（1）国家电网有限公司通用设计（地下洞室群通风系统分册）研究合同文件。

（2）现行相关的国家标准、规程、规范，电力行业标准和国家政策。

（3）国家电网有限公司颁布的有关企业标准、技术导则、反措要求等。

（4）本通用设计遵守的规程、规范、规定及有关技术文件为最新颁布的标准及最新的《中华人民共和国　工程建设标准强制性条文　电力工程部分》。

3.2　主要设计标准、规程、规范

GB 50016　建筑设计防火规范

GB 50019　工业建筑供暖通风与空调调节设计规范

GB 50872　水电工程设计防火规范

NB/T 35011　水电站厂房设计规范

NB/T 35040　水力发电厂供暖通风与空气调节设计规范

NB 35047　水工建筑物抗震设计规范

DL/T 5057　水工混凝土结构设计规范

DL 5077　水工建筑物荷载设计规范

DL/T 5208　抽水蓄能电站设计导则

国家电网生〔2012〕352 号关于印发《国家电网公司十八项电网重大反事故措施》（修订版）的通知

第 4 章　设计方案及设计条件

4.1　设计方案说明

抽水蓄能电站地下洞室群通风系统设计的重点是地下厂房洞室群系统通风。地下厂房洞室群系统主要涉及进厂交通洞、通风兼安全洞、主厂房洞、主副厂房、母线洞、主变压器洞、尾闸洞、电缆出线洞（竖井）及厂周排水廊道等部位。

地下厂房洞室群通风系统通常采用从进厂交通洞和通风兼安全洞引入新风，排风竖井（或通风兼安全洞排风道）排风。北方方案考虑到冬季寒冷，进厂交通进风会造成道路结冰现象，交通洞洞口需时常关闭，因此，北方方案通风通道以通风兼安全洞作为进风通道，进厂交通洞仅作为交通通道使用。由于受地形、地质条件等限制，排风竖井不一定具备布置条件，但通风兼安全洞蓄能电站都需要布置。因此，南、北两个代表方案，均采用通风兼安全洞排风方式作代表进行阐述，有排风竖井布置的方案参见排风竖井篇章内容进行设计。

地下洞室群通风系统设计方案以地域条件分为：南方方案，以南方地区气候、无高地热为设计条件、以《国家电网公司抽水蓄能电站工程通用设计　地下厂房分册》中 4×300MW 的地下厂房设计方案进行通风系统设计，详见第 7 章至第 9 章，6×300MW 的地下厂房设计方案进行通风系统设计时可参照执行；北方方案，北方地区寒冷或严寒气候、无高地热为设计条件、以《国家电网公司抽水蓄能电站工程通用设计　地下厂房分册》中 4×300MW 的地下厂房设计方案进行通风系统设计，详见第 10 章至第 12 章，6×300MW 的地下厂房设计方案进行通风系统设计时可参照执行。

4.2　基础资料及设计条件

（1）地下洞室群布置格局：采用主厂房、主变压器洞和尾闸洞三洞室布置格局，主厂房一端为进厂交通洞，另一端为通风兼安全洞。通风竖井根据工程地形、地质条件选择性设置。

（2）由于地下洞室群通风系统设计对南、北方案而言，主要在于通风空调系统的设备选择、设备使用方面的区别，地下洞室群布置方面主要区别在于北方方案不利用进厂交通洞进风后，需局部利用排水廊道从通风兼安全洞引风至安装间端送风机室（送风机室布置在主厂房顶拱位置）外，其余布置变化不大。

（3）气象资料收集：因地下洞室需从洞外取新风，所以洞外空气的参数对取风风量、通风空调设备的规格、参数与布置有重要影响作用。而我国幅员辽阔，气象参数相差较大，通风空调方案及设备类型存在差异，南方方案中的气象条件主要依据南方某实际电站资料；北方方案中的气象条件主要依据北方某实际电站资料。

（4）机电设备散热量计算：机电设备散热量是抽水蓄能电站各区域通风量或制冷量的计算基础。

（5）抽水蓄能电站洞室布置：通风气流组织设计应尽量利用已有洞室，因此地下洞室群的布置对通风空调系统方案与气流组织有重要影响作用。

第 5 章　主要设计原则

5.1　通风系统及气流设计原则

5.1.1　总体原则

电站按“无人值班”（少人值守）模式进行设计，电站建成投产后厂房内仅少量运行人员值守。厂房通风采用机械送排风为主，局部空调为辅。室外空气经过通风机和风管送入厂房内各个部位，吸收热湿负荷后经风管与风机排出厂外。

通风系统的设计包括地下厂房各高程洞室中的主厂房、主副厂房、主变压器室、出线平洞及出线竖井、尾闸室等处所需的通风换气，以创造满足机电设备运行及人员工作的环境条件。系统设计同时应满足经济、合理、节能、便于维修的原则。

5.1.2　典型化设计考虑原则

（1）主送、排风机的容量均按设计风量选取，主送、排风系统宜设置了两台以上的风机，一台故障或检修时，另一台风机仍可运行，维持对电站通风的基本通风要求。

（2）充分利用电站现有的洞室通道及厂房围护结构作通风道及排烟道，节约工程投资、减少施工工程量，并避免与电气设备干扰。

（3）厂房通风系统根据不同房间对空气温度、相对湿度的要求，采用不同的设计方案，使之在满足夏季运行工况的前提下，同时适应冬季工况下的运行要求。

（4）室外新风由通风洞、通风支洞分别进入空气处理机室，在空气处理机入口处，设置空气过滤网，以提高送入厂房内的空气品质和清洁度。

（5）系统设计中考虑主厂房、主变压器洞排烟、蓄电池室酸气的有害气体排除及其他废气的排除措施。

（6）防排烟风机独立设置，事故后通风由正常排风系统兼用。

（7）排烟道与安全通道分隔开，保证事故时人员安全疏散。

（8）考虑到北方地区条件，从节能角度出发，冬季主厂房采用循环风为主，加入适量新风，利用冬季厂内机电设备发热量，降低新风加热量，达到节能降耗的目的。

(9) 主送、排风机设在坚实的岩石或混凝土基面上并远离中央控制室、计算机房、载波机室等要求安静的场所，以减少风机设备噪声或振动对厂房内运行环境的影响。

5.2 通风空调设备布置原则

(1) 功能性原则：需确保设计方案及设备选型正确、合理，系统运行状态下，洞室内空气温度、湿度、风量、风速等参数满足规范要求，充分发挥系统的功能。

(2) 安全性原则：需确保设计方案考虑全面，通风气流组织无死角；对安装在特殊场所的通风空调设备需具备特殊功能要求，如防爆、防腐、抗高温、抗震等，确保系统投入运行后安全稳定运行。

(3) 经济性原则：在设备及系统设备满足功能性与安全性原则的前提下，需考虑其经济性表现。采用最合理的气流组织，尽量减少系统阻力，选用高能效的设备，减少厂用电的消耗。

(4) 美观性原则：应根据设备安装条件，合理设备选型并对设备尺寸、颜色、材质等方面做出要求，避免安装困难、设备生锈、渗水等情况的发生。

第6章 设计使用说明

地下洞室群通风系统设计内容，主要根据抽水蓄能电站地下洞室群通风空调系统的设计特点，按不同地域气候特点分为南方和北方两个方案，在具体的工程设计中，应综合考虑各方面因素，在使用时应与现有国家、行业标准相关内容配套使用。

6.1 各方案使用范围

(1) 南方地下洞室群通风系统方案，主要适合暖和或酷热、潮湿、无高地热的南方地区抽水蓄能电站地下洞室群。

(2) 北方地下洞室群通风系统方案，主要适合寒冷或严寒、干燥、无高地热的北方地区抽水蓄能电站地下洞室群。

(3) 排风竖井的设计，主要适合布置有排风竖井（直接对外）的抽水蓄能电站地下洞室群。

6.2 其他说明

(1) 通用设计方案地下洞室群布置以《国家电网公司抽水蓄能电站工程通用设计　地下厂房分册》4×300MW方案为标准进行通风系统设计，对6×300MW方案等不同规模的地下洞室群通风系统设计，可根据气候条件不同，选择相应的地下洞室群通风系统设计方案参照执行。

(2) 进厂交通洞、通风兼安全洞、电缆出线洞及通风竖井等对外通道与工程地形、地质和运行使用等条件有关，进厂交通洞、通风兼安全洞、电缆出线洞和排风竖井布置及洞室尺寸可根据实际情况并参照通用设计布置格局进行局部调整，通风兼安全洞断面尺寸应在满足通道使用功能的前提下根据计算通风量的要求确定。

(3) 进厂交通洞洞口、通风兼安全洞洞口和排风竖井井口的位置宜选择在交通方便道路旁或易修建连接道路与外界道路连接的区域；进厂交通洞和通风兼安全洞洞口位置宜布置在无地质深厚覆盖层、滑坡体的山脊坡面；排风竖井的井口位置宜布置在无地质深厚覆盖层、滑坡体的山脊缓坡地带。

(4) 由于各抽水蓄能电站地下洞室群各洞室尺寸无法统一，通风系统通用设计给出各方案地下洞室群通风系统的通风空调系统、防排烟系统的典型设计方案，图中尺寸根据实际工程确定。

(5) 为了更好地使用本通用设计，特编制通用设计使用说明。通用设计使用说明重点是对设计方案的选用、设计方案的使用条件、设计方案的调整等内容进行具体的说明，以方便使用者在具体工程设计时使用。

(6) 在使用通用设计文件时，需根据工程区域和地下洞室群布置实际情况，在安全可靠、技术先进、投资合理、标准统一、运行高效的设计原则下，进一步强化工程安全、投资节约、提高效率、降低运行成本的思路，对方案中的各种条件进行研究分析，形成符合实际要求的抽水蓄能电站地下洞室群通风系统布置设计。

第7章　南方地下洞室群通风系统（南方方案）设计说明

7.1 使用场合

本通用设计方案适用于南方暖和或酷热、潮湿地区抽水蓄能电站地下洞室群通风系统的布置设计。

7.2 设计条件

7.2.1 室内、室外空气设计参数

（1）室外空气计算参数（南方某实际电站资料）。

大气压力：冬季 P_d=101830Pa；夏季 P_x=99560Pa。

冬季通风计算温度：3.5℃。

夏季通风计算温度：32.2℃。

室外年平均温度：16.9℃。

夏季通风室外计算相对湿度：63%。

（2）室内空气参数。室内空气参数表见表7-1。

表7-1　　室内空气参数表

序号	生产场所	夏季		冬季	
		温度（℃）	相对湿度（%）	温度（℃）	相对湿度（%）
1	发电机层	≤28	≤75	≥10	—
2	母线层	≤30	≤75	≥5	—
3	水轮机层	≤30	≤75	≥8	—
4	蜗壳层	≤33	≤75	≥5	—
5	空气压缩机室	≤33	≤75	≥12	—
6	厂用变压器室	≤35	—	≥5	—
7	GIS室、电缆室	≤35	—	≥5	—
8	母线洞、电抗器室	≤40	—	≥5	—
9	中控室、计算机室	26～28	45～65	18～22	≥30
10	通信室、办公室	26～28	45～65	18～22	≥30

7.2.2 通风要求

蓄电池室、油罐室、油处理室、SF_6全封闭组合电气室需要保持负压，其进风量一般为排风量的80%，且排风系统单独设置，其通风换气次数参见表7-2。

表7-2　　通风换气次数表

地点	通风换气次数（次/h）
油罐室	3
油处理室	6
阀控式密封铅酸蓄电池室	3
SF_6全封闭组合电气室	≥4
其他房间	≥2

7.2.3 设备余热负荷

南方某实际电站（即上述室外气象资料所属电站）地下厂房各部位设备散热量参见表7-3。

表7-3　　地下厂房主要部位设备散热量表（南方方案）

部位	房间名称	余热负荷（kW）	合计（kW）
主机间	发电机层	173.9	368.7
	母线层	194.8	
主变洞	1号主变压器室	85.3	341.2
	2号主变压器室	85.3	
	3号主变压器室	85.3	
	4号主变压器室	85.3	
母线洞	1号母线洞	95.2	380.8
	2号母线洞	95.2	
	3号母线洞	95.2	
	4号母线洞	95.2	

7.3 地下洞室群布置

地下洞室群由主厂房洞、母线洞、主变压器洞、500kV 电缆出线洞、尾闸洞、进厂交通洞、通风兼安全洞、排水廊道及施工支洞等组成。主厂房、主变压器洞、尾闸洞三大洞室平行布置。主厂房洞与主变压器洞之间在每台机组段各设一条母线洞。安装间与主变压器洞之间设置一条主变压器运输洞。主副厂房到主变压器洞之间设置一条交通电缆洞。进厂交通洞从主厂房左端安装间端部进入。通风兼安全洞从主厂房右端的主副厂房端部进入。

南方方案，空气处理机室分别布置在主厂房两端，左端空气处理机室设置在蜗壳层主厂房进风洞内，并利用送风竖井与顶拱风管相通，也可根据施工支洞布置情况直接空气处理机室设置在拱顶端，左端空气处理机室从进厂交通洞引新风；右端空气处理机室布置在主副厂房顶层，从通风兼安全洞取新风。新风分别来自进厂交通洞和通风兼安全洞。

利用安装间下部的厂房中下部施工支洞作为主厂房进风洞，主厂房进风洞右端与主厂房蜗壳层相连，左端与尾水施工支洞相通。主厂房进风洞在安装间范围内设置油处理室和透平油库。油库外侧沿安装间端墙设置送风竖井和油库排烟竖井，竖井通至主厂房顶拱。紧靠送风竖井外侧的主厂房进风洞内设置空气处理室，处理室内布置空气处理机组等通风空调设备。

主变压器洞左端通过主变压器进风洞与进厂交通洞相通，右端上部设置主变压器排风洞与主厂房通风兼安全洞排风道相连。

尾闸洞左端通过尾闸运输洞与进厂交通洞相连通，右端上部设置尾闸排风洞与主厂房通风兼安全洞排风道连接，中部布置尾闸交通洞与主变压器洞主变压器层相连。

地下厂房主洞室群外围设置三层排水廊道。厂区渗漏水经各层排水廊道和排水孔截排至下层排水廊道，经下层排水廊道汇入尾闸洞内的渗漏集水井，再采用水泵抽排的方式将水从集水井抽排至山体外。有设置自流排水洞条件的，不需设置渗漏集水井，直接通过排水廊道自排。

7.3.1 主机间布置

地下主厂房由主机间、安装场和主副厂房等三部分组成，其中安装场位于主机间左侧，主副厂房位于主机间右侧。进水阀设于主厂房内，主机间分尾水管层、蜗壳层、水轮机层、母线层、发电机层、顶拱层共 6 层布置。

（1）顶拱层布置。

顶拱层通常采用网架结构，网架顶面设置防水板和通风、排烟管道等设备。防水板上开设通风、排烟口。网架下部安装照明灯具等设备。

（2）发电机层布置。

发电机层下游侧主要布置电气二次设备机旁盘；上游侧为运行、巡视通道，上游边墙布置有通风口、风管等通风系统设备。安装间布置于主机间左端，与发电机层同高程，布置有发电电动机定子等部件的组装工位。同时，在安装间端部设置保安室、工器具室等辅助副厂房。

（3）母线层布置。

母线层主要布置调速器及油压装置等机组附属设备；发电电动机主引出线等电气一次设备；油压装置控制柜等电气二次设备。上、下游边墙布置通风口、风机和风管等通风系统设备。

（4）水轮机层布置。

水轮机层主要布置进水阀油压装置等机组附属设备；油压装置控制柜等电气二次设备。上、下游边墙布置风口、风机和风管等通风系统设备。

（5）蜗壳层布置。

蜗壳层主要布置进水阀及操作系统等机组附属设备；机组冷却供排水设备等水力机械辅助设备。上、下游边墙布置风口、风机和风管等通风系统设备。

蜗壳层安装场下施工支洞局部扩挖后，布置透平油库、油处理室、空气处理机房等辅助房间。透平油库与油处理室设置有良好的通风换气装置，设置单独的油库排风机房及排风通道。

（6）尾水管层布置。

尾水管层主要布置机组检修排水设备等。检修管道廊道内布置风机等通风系统设备。

7.3.2 主副厂房布置

主副厂房布置在主厂房一端，与主机间同宽。主副厂房共分 9 层布置，其中发电机层以上分 5 层布置，发电机层以下分 4 层布置。主副厂房上游侧设有送风井、管道井和走廊补风井，下游侧设有排风井、走廊排烟井，每层设置送、排风管、走廊补风管和通风空调设备等。主副厂房上游侧布置电梯和楼梯间通往各层，电梯井与楼梯间之间布置楼梯正压送风井和前室正压送风井；楼梯间旁布置卫生间，卫生间在发电机层、控制室层两层设置，卫生间污水采用一体化处理设置，卫生间上游侧设置排风井。各层设备布置如下。

第一层：污水处理层，与主厂房尾水管层地面高程相同，主要布置工业污水处理设备室。

第二层：空气压缩机层，与主厂房蜗壳层地面高程相同，主要布置中低压空气压缩机室。

第三层：空调机层，与主厂房水轮机层地面高程相同，主要布置冷水机房、机修间等。

第四层：厂用变压器层，与主厂房母线层地面高程相同，主要布置公用厂用变压器室、照明变压器室、保安检修变压器室与电气工作间等。同时，在第三层与第四层之间设置了一个动力电缆夹层，层高 2.6m，并设置一电缆联系廊道与主变压器洞电缆廊道连通。

第五层：低压配电盘层，与主厂房发电机层地面高程相同，主要布置 400V 公用配电盘室，照明配电盘室、保安检修配电盘室和工具间。同时，在该层还设置一会议室。

第六层：监控设备层，主要布置地下值班室、交接班室、UPS 与 LCU 室、资料室及二次工具间等。

第七层：电缆夹层，主要用于电气二次控制电缆的敷设。

第八层：蓄电池层，主要布置二次辅助盘柜室和蓄电池室。

第九层：通风设备层，主要布置电梯机房、排风机房、排烟机及通风排烟管路等。

7.3.3 母线洞布置

母线洞布置在主厂房与主变压器洞之间，共 4 条。母线洞内主要布置发电机出口离相封闭母线等电气设备和通风空调设备等。

7.3.4 主变压器洞布置

主变压器洞分三层布置，即变压器层、GIS 层、通风层，其中变压器层与发电机层同高。主变压器洞上游为启动母线道，共分三层，底层与母线层同高，为母线排风道，与端部排风竖井相连；中间层与变压器层同高，顶层与 GIS 层同高。

变压器层主要布置有主变压器、联系母线、厂用变压器、隔离变压器等设备，各房间上下游墙内布置风口和通风设备。上游侧启动母线道布置启动母线；下游侧为主变压器搬运道，布置排烟管道等通风设备。

GIS 层上游侧启动母线廊道主要布置启动母线和启动母线分段开关；下游侧廊道主要布置主变压器高压侧 GIS 和高压电缆，4 个主变压器室间隙布置 4 组限流电抗器和 1 组 SFC 输出电抗器，各房间下游墙内设置通风口。

通风设备层主要布置通风设备及管路。

主变压器洞右端设有副厂房，分 5 层布置。第一层为电缆夹层；第二层为高压配电盘层，与变压器层地面高程相同，主要布置 10kV 高压厂用配电盘、SFC 输入变压器和 SFC 输出变压器等设备；第三层为电缆夹层；第四层为 SFC 层，与 GIS 层地面高程相同，主要布置 SFC 盘柜室、配电盘室及高压试验室等；第五层为通风设备层。各层均设置通风口和通风设备。

主变压器洞的右端布置一个电缆竖井，设置一个楼梯与一台电梯。2 回 500kV 高压电缆及动力控制电缆通过该电缆竖井、电缆平洞引至地面开关站电缆层。

主变压器洞根据防火疏散距离要求，设置两个楼梯，分别布置在 1 号主变压器右端和 4 号主变压器左端，楼梯可直达主变压器洞顶拱，并可通达主厂房顶拱通风兼安全洞。

7.3.5 尾闸洞布置

尾水闸门室共布置 4 孔 4 套事故闸门，1 台 500kN 台车。尾闸室右端布置厂房渗漏集水井及渗漏排水泵房。尾闸洞右端尾闸排风洞内设置排风设备等。

7.3.6 进厂交通洞

地下厂房对外交通主要通过进厂交通洞、通风兼安全洞与地面公路相连。进厂交通洞从安装场端部进入厂房。进厂交通洞靠近主厂房分岔洞通过主变压器进风洞和尾闸运输洞进入主变压器洞和尾闸洞。进厂交通洞在南方潮湿季节易形成雾气，通常在进厂交通洞内布置除湿机等通风空调设备。

7.3.7 通风兼安全洞

通风兼安全洞从副厂房端部进入厂房。无排风竖井布置的情况下，通风兼安全洞全长必须分隔为两部分，一部分作为进风洞和厂内人员疏散通道；另一部分作为全厂的排风道。有排风竖井设置情况下，排风竖井作为专门排风通道后，通风兼安全洞就不必全部一分为二，仅在竖井至主厂房段一分为二，其余部分均作为进风洞和厂内人员安全疏散通道。

7.3.8　500kV 电缆出线洞

500kV 出线洞采用竖井加平洞方案。竖井布置在主变压器洞右端，竖井升至地面开关站高程附近时设电缆平洞接至地面开关站 GIS 电缆层。

7.4　地下洞室群各区域通风空调系统方案

地下洞室群通风空调系统设计方法及流程如下：

（1）收集通风空调计算与系统设计所需的所在地室外空气参数，主要包括夏季、冬季通风室外计算温度，夏季、冬季空调室外计算温度，极端最高、最低温度等参数；收集进风洞尺寸信息、衬砌及喷锚支护长度及导热、导温参数、岩石特性等，用于进风洞温降温升效应计算。

（2）根据机电各专业提供的设备散热资料，计算各洞室内机电设备散热量，并分区域统计。

（3）规划洞室群内通风空调系统及气流组织，对通风系统上下游各区域分配风量，计算空调主机及末端容量，对通风空调系统各设备进行选型。

风量计算主要公式：

$$L = 3600Q/C\rho(t_p - t_j) \qquad (7\text{-}1)$$

式中：L——风量，m^3/h；

Q——冷负荷，kW；

C——定压比热，kJ/(kg・℃)；

ρ——空气密度，kg/m^3；

t_p/t_j——排风/进风温度，℃。

通风空调系统根据温度控制要求和区域具体可划分为：主厂房通风空调系统（含母线洞）、主副厂房通风空调系统、主变压器洞通风系统（含出线洞）、尾闸室通风系统、排水廊道通风系统、施工支洞及其他洞室通风系统。

7.4.1　主厂房通风空调系统

主厂房散热量大，设备及人员对温湿度要求高，对于南方地区电站，夏季室外计算空调温度都普遍高于 30℃，虽然进风洞室有温降效应，但洞室末端温度一般仍会达到 26～28℃，如果主厂房区域不采用空调，则需采用巨大的风量，否则难以满足规程规定的不高于 30℃的要求，而采用巨大风量，对洞室开挖、通风设备布置等都有较大的困难，所以综合比较，南方地区电站主厂房采用空调系统更经济可行。

主厂房两端设空气处理机房，空气处理机组内部设表冷盘管段，从洞外取风，洞外空气经空气处理机降温处理后，送至主厂房拱顶，通过风管和风口下送至发电机层，再经过上游夹墙内的辅助送风机分送至母线层、水轮机层及蜗壳层，吸收各层余热后，由下游夹墙内的辅助排风机排至母线层，汇至母线洞，各母线洞内的排风于母线汇合道汇合，经设置在汇合道端部的母线洞排风竖井汇集于母线洞排风机房，排至厂外。气流组织三维示意图见图 7-1。

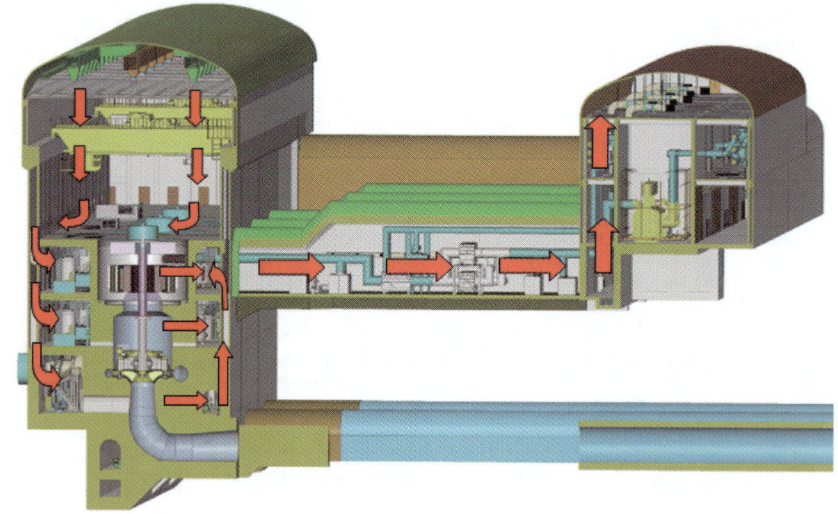

图 7-1　主厂房通风气流组织示意图（南方方案）

（1）主厂房各部位通风系统典型设计与布置。

1）主厂房拱顶风管布置形式。

风管在拱顶网架上方的布置形式一般分为两类：

a）吊装在拱顶开挖面下方：根据风管布置，支护图设计时，对用于吊装风管的锚杆伸出喷锚面至少 200mm，用于连接风管吊架，典型布置方式见图 7-2。

b）布置在网架上方：根据风管布置，网架设计时，风管布置于托梁托架上，风管布置时应注意横向马道跨越风管处上方的空间应满足人员通过，典型布置方式见图 7-3。

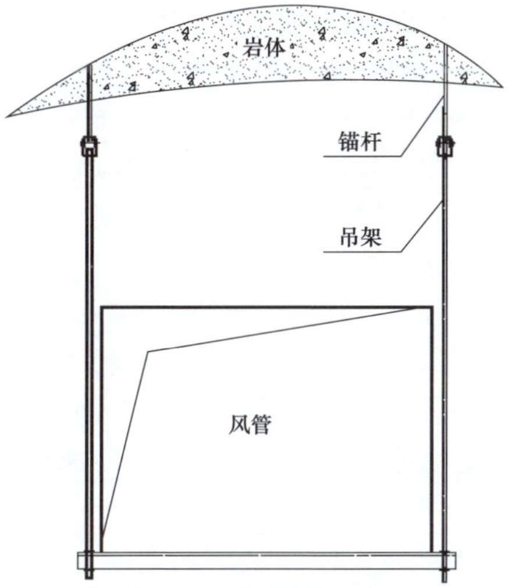

图 7-2　拱顶风管吊装示意图

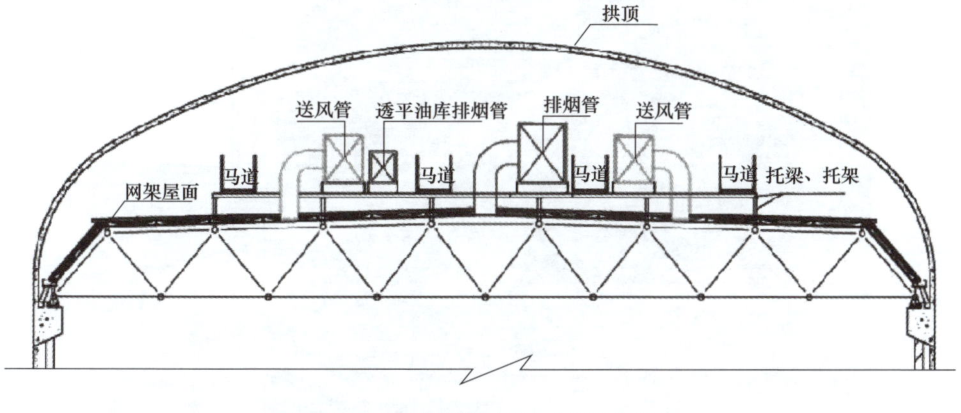

图 7-3　拱顶风管网架上安装示意图

2）主厂房上下游墙内风管布置形式。

发电机层以下各层一般通过设置在上游墙内的风管与风机从发电机层取风，布置形式见图 7-4。

3）主厂房除湿机布置方案。

目前南方抽水蓄能电站一般采用冷冻除湿机，其他型式的除湿机如转轮除湿机虽然除湿效果更好，但由于抽水蓄能电站厂房均为地下式，采用转轮除湿机均存在再生困难、运行耗能大的缺点；在设备散热量低且室内温度较低的场所，或再生湿热空气有排放条件时，亦可采用转轮除湿机。冷冻除湿机应选用低温型，能在 5～32℃范围正常工作，并在低温时有较高的效率。一般每台机组段宜配置数量合理、除湿量足够的除湿机。如图 7-5 为低温型除湿机布置示意图。

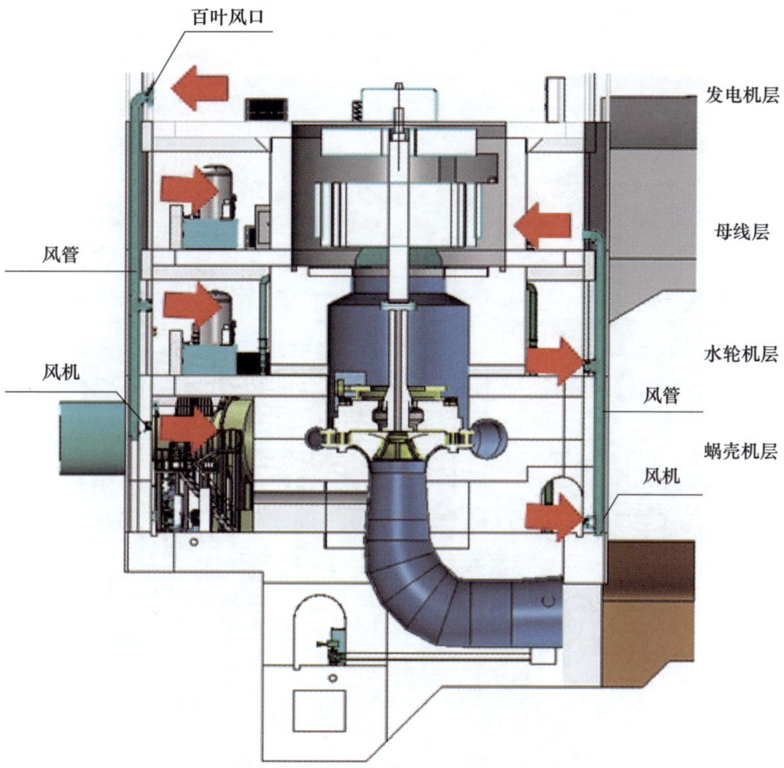

图 7-4　主厂房上下游墙内风管布置形式

（2）母线洞通风空调方案。

《水力发电厂供暖通风与空气调节设计规范》（NB/T 35040—2014）中规定：地下厂房主厂房温度不应高于 30℃，母线洞不应高于 40℃（排风温度）。实际设计中，母线洞不宜高于 35℃（排风温度）。合理的气流组织方式为气流从温度低的区域流向温度高的区域，即空气从主厂房经母线洞往主变压器洞方向流动，新鲜空气串联使用，全厂总风量最少，以减少通风空调设备的容量和通风道断面面积，进而减少通风空调设备及土建工程投资。经济的系统划分应该是按厂房不同区域的位置及温度要求划分系统，目前抽水蓄能电站的母线洞是设计在主厂房和主变压器洞之间，机组台数与母线洞数量相同，独立设置母线洞通风进排风系统很困难，因此将其归于主厂房或者主变压器洞通风系统之中。由于主厂房设计温度比母线洞低，母线洞可重复使用主厂房来风，因此，将母线洞归于主厂房通风系统之中是合理的。

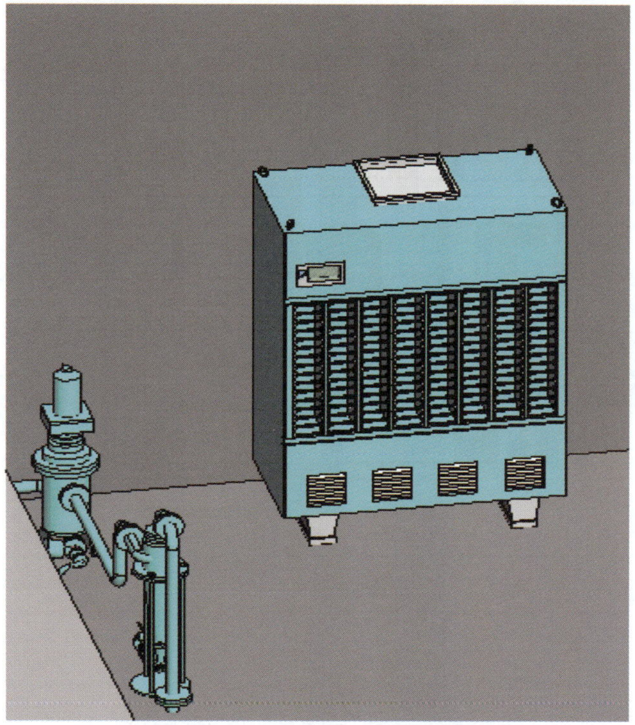

图 7-5　主厂房除湿机布置示意图

母线洞一般从主厂房取风，对于主厂房未设计回风运行方案的电站，母线洞是否设置空调应与主厂房通风空调设计统筹考虑。由于母线洞内电气设备较多，散热量较大，建议设置一定容量的空调设备。对于主厂房设计有回风运行方案的电站，当主厂房回风运行时，如母线洞无风量来源，则须采用空调才能控制室内温度。

当主厂房空调冷水机组容量与尺寸较大时，对厂房的吊物孔、运输通道、冷水机组设备间的尺寸要求也大，而《国家电网公司抽水蓄能电站工程通用设计　地下厂房分册》中，空调冷水机组布置在主副厂房水轮机层空调机房内，该机房内布置的设备较多，如果母线洞空调系统与主厂房空调系统采用同一冷源，导致冷水机组尺寸加大、布置困难或者需要额外加大厂房的开挖，则建议母线洞空调采用独立冷源，一般为水冷冷风机方案，反之则可采用主厂房空调系统同一冷源，一般为风机盘管方案。

当采取水冷冷风机方案，一般每条母线洞配置 1～2 台水冷冷风机，同时宜设置送风管，水冷冷风机的冷却水可取自公用供水总管或主变压器空载冷却水管。当采取风机盘管方案，一般每条母线洞配置 3～4 台风机盘管，冷冻水取自主厂房空调系统；南方电站母线洞一般采取水冷冷风机方案，布置见图 7-6。

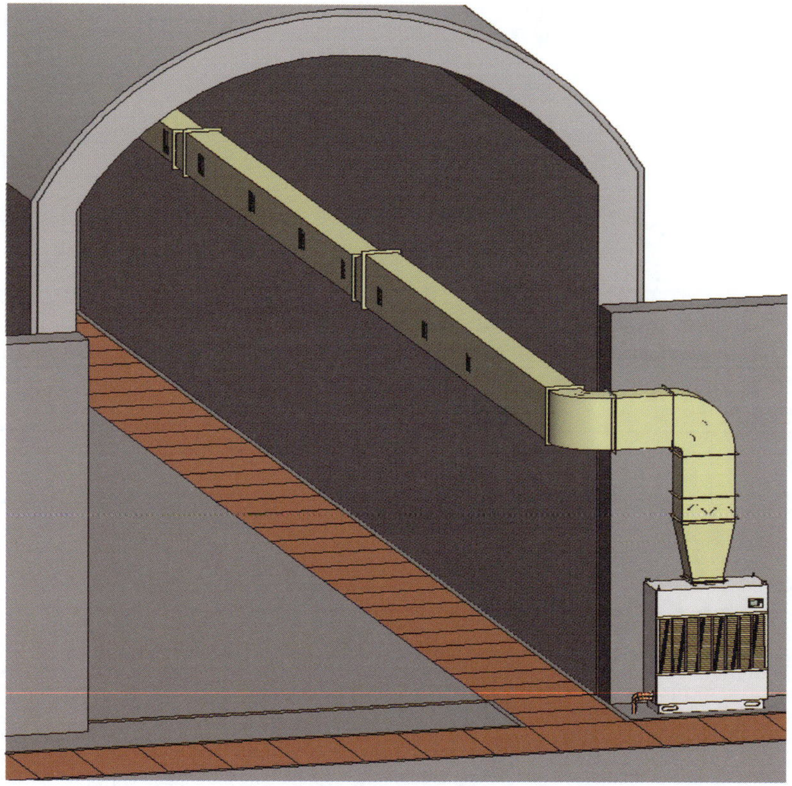

图 7-6　母线洞水冷冷风机及送风管布置图

（3）透平油库、油处理室通风方案。

采用自然进风、机械排风方式，设防爆风机和排风管，通过墙上的防火阀从蜗壳层自然取风，排风系统将空气排至专用排风竖井，接至主厂房拱顶透平油库排风管排至厂外，不重复利用。

7.4.2 主副厂房通风空调系统

主副厂房空调系统与通风系统一般结合在一起，采用空调送风、机械排风的模式。为节能和防潮，该送排风系统设计成可直流运行，可回风运行。主副厂房空调系统的冷源可与主厂房空调系统共用。

每层设置一台主空调风柜，宜尽量设置在单独的设备间内。从进风竖井取风将空气进行集中处理，通过送风管路送至各个房间，各房间可视需要增设空调风柜；主空调风柜与竖井间设置回风阀（或者设备不直接连竖井，留存空隙），另设一套排风系统（风机风量可与空调风柜匹配，也可采用双速风机，高速档风量与该层空调风柜匹配）。夏季，开启空调送风系统，将处理后的风量送至各房间，并通过墙上的风口回至空调风柜，实现空气循环运行；如需通风换气，则可开启混流排风机将空气排至主副厂房排风竖井直至厂外。冬季当空调主机及水系统不投入使用时，开启排风系统进行通风。副厂房典型层通风空调设备管路布置见图 7-7。

蓄电池室采用机械进风、机械排风方式，排风机将室内气流直接排至厂外而不是排风竖井，以利于排风竖井用于回风，并可避免蓄电池室空气串入其他各层房间，室内保持负压。

7.4.3 主变压器洞（含出线洞）通风系统

《水力发电厂供暖通风与空气调节设计规范》（NB/T 35040—2014）中规定：地下厂房主变压器室不应高于 40℃（排风温度），实际设计中，主变压器室不宜高于 38℃（排风温度）。可见，主变压器洞对空气温度要求较低，通常采用机械全排风系统或机械送排风系统即可满足要求；同理，出线洞通常采用机械送排风系统或者机械全排风系统也可满足要求。风冷 SFC 变压器室及风冷 SFC 开关柜室，散热量较大，如通风不满足温度要求时，建议设置空调设备，可根据实际情况选用风冷或水冷空调机。

主变压器洞从进厂交通洞自然引风，新风经主变压器搬运道分别送至主变压器洞各室，其中一部分风量汇入电缆出线井（或平洞），再通过排风机排至室外；其余风量经主变压器室等使用后排至主变压器拱顶，通过主变压器洞排风机排至厂外。排风机房设在主变压器洞拱顶右端，利用拱顶施工支洞局部扩挖后布置，施工支洞兼作主变压器洞排风道。主变压器管线层设置 SF_6 专用排风竖井，排风机设置在拱顶层，排风管接至排风洞排至厂外。主变压器洞通风气流组织见图 7-8。

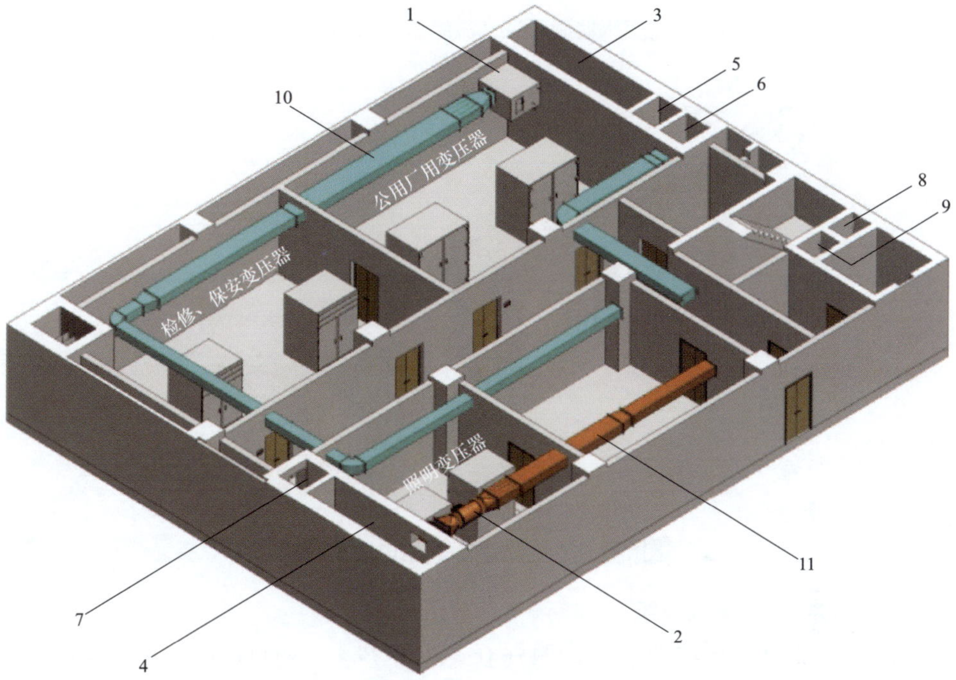

图 7-7 副厂房典型层通风空调设备管路布置图（南方方案）

1—空调送风盘管；2—排风机；3—送风竖井；4—排风竖井；5—空调供回水管道井；6—内走道补风竖井；7—内走道排烟竖井；8—楼梯间加压送风竖井；9—合用前室加压送风竖井；10—送风管；11—排风管

7.4.4 尾闸室通风系统

通常采用机械全排风系统或机械送排风系统，一般经进厂交通洞从厂外取风，纵向扫过尾闸室后经排风机房送至通风洞直至厂外。为加强尾闸室内部空气流动性，可在上游或下游墙侧设置机械通风系统。尾闸室通风气流组织示意图见图 7-9。

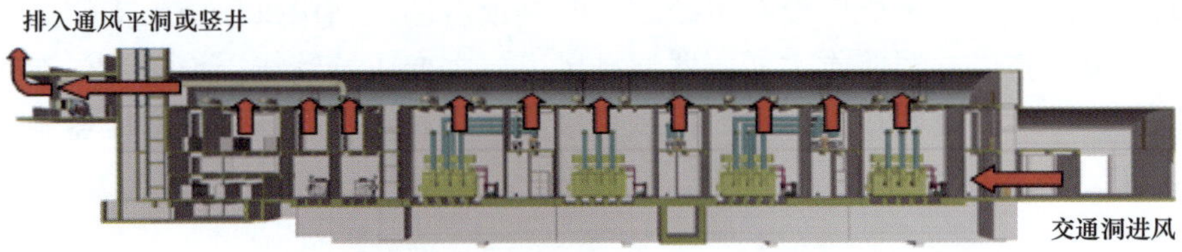

图 7-8　主变压器洞通风气流组织示意图（南方方案）

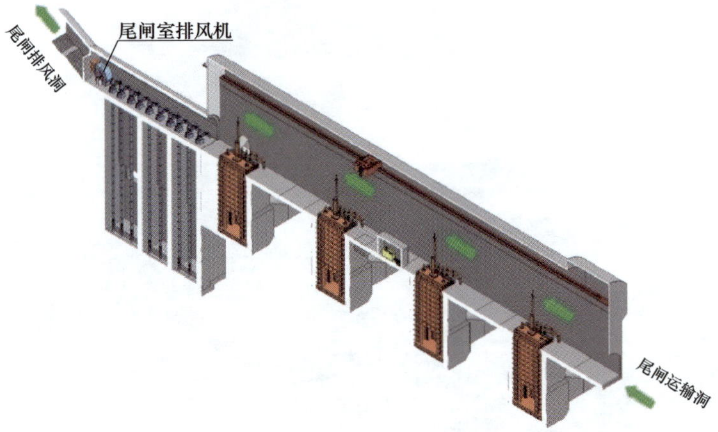

图 7-9　尾闸室通风气流组织示意图

7.4.5　排水廊道通风系统

抽水蓄能电站深埋地下，普遍存在氡气浓度超标的现象，而排水廊道较长，空间较小，人员进入巡视检修频率较高，氡气容易形成聚集，需要考虑排氡措施。根据氡气密度比空气重的特点，排氡通风气流应从上往下，因此应充分利用和创造条件连通上中下三层排水廊道，根据布置，通常上层排水廊道从通风兼安全洞进风，排风至全厂总排风道，中层排水廊道从进厂交通洞取风，然后排至下层排水廊道，最后通过自流排水洞或施工支洞排至厂外。

根据国标《地下建筑氡及其子体控制标准》（GBZ 116—2002）规定：（1）已建的地下建筑的行动平衡当量浓度为 400Bq/m³。（2）待建的地下建筑的行动平衡当量浓度为 200Bq/m³。《民用建筑工程内部环境污染控制规范》（GB 50325—2010）规定：Ⅰ类民用建筑（住宅、医院、老年建筑、幼儿园、学校教师等）氡浓度限量≤200Bq/m³；Ⅱ类民用建筑（办公楼、商店、旅馆、图书馆、展览馆、体育馆、公共交通等候车室、餐厅、理发店等）氡浓度限值≤400Bq/m³。因此通风排氡设计的氡气浓度采用 200Bq/m³ 是合理且安全的。

根据实际电站的封闭氡浓度，查《地下建筑氡及其子体控制标准》（GBZ 116—2002）中的“排氡通风率简表”（见表 7-4）可选取对应的通风率，进而进行通风量计算与设备选型。

表 7-4　　排氡通风率简表（控制标准为 200Bq/m³）

封闭氡浓度（kBq·m⁻³）	冬季		春秋季		夏季	
	通风率（次·h⁻¹）	氡平衡的通风时间（h）	通风率（次·h⁻¹）	氡平衡的通风时间（h）	通风率（次·h⁻¹）	氡平衡通风时间（h）
≤0.5	0.10	48.5	0.16	42.1	0.16	42.1
1.0	0.13	46.5	0.20	35.5	0.22	30.2
1.5	0.16	42.1	0.23	30.0	0.23	30.0
2.0	0.20	35.5	0.26	24.1	0.26	24.1
3.0	0.26	24.1	0.36	20.0	0.38	17.3
4.0	0.38	16.0	0.39	16.3	0.46	14.3
5.0	0.39	16.3	0.42	15.6	0.52	12.3
6.0	0.52	12.3	0.52	12.3	0.65	9.9
7.0	0.59	11.1	0.65	9.9	0.78	8.2
8.0	0.65	9.9	0.80	8.2	0.84	8.0
9.0	0.75	9.1	0.91	7.1	0.91	7.0
10	0.78	8.2	0.94	6.8	1.0	6.2

7.4.6　施工支洞及其他洞室通风系统

该类洞室主要包括各施工支洞、钢管外排水系统廊道、灌浆廊道等。该类洞室一般每年仅进行 2 次左右的巡视，频率较低，时间较短、人员较少，可不设置专门的通风或排氡系统。但进入该类洞室应遵循以下措施和要求：

（1）人员在进入设有专用通风排氡系统的洞室前，应先启动排氡系统运行一段时间，并达到“排氡通风率简表”中的氡平衡通风时间，巡查人员方可进入，并携带测氡仪，同时进入洞室人员不得少于 2 人，巡查期间须持续通风，当检测到洞内氡气浓度高于 200Bq/m³ 时，应尽量缩短洞内逗留时间，可根据实际情况穿戴防护设施进入。

（2）进入没有通风设施的地下洞室前，需穿戴防护口罩及辐射防护服、并携带测氡仪，同时进入洞室人员不得少于 2 人，并尽量缩短在洞室内停留时间；当检修、巡查、维护等工作时间较长且洞室内氡气浓度严重超标时，应采取临时通风措施，时间和换气次数需达到“排氡通风率简表”中的要求。

（3）对地下洞室必须进行定期的检测或监测，保证洞室内平衡当量氡浓度控制在 200Bq/m^3 以下，及时发现问题，采取稀释措施，保证工程运行期的安全。

（4）有效堵塞或密封氡从周围岩层和土壤进入地下厂房的所有通路、孔隙，并加强防止富氡地下水的渗入等，送风道采用全砖砌（或混凝土）风道或专用金属（或复合材料）风管，隔绝氡源。

7.5 防排烟系统

7.5.1 系统概述

防烟系统的作用：建筑内一旦发生火灾能有效地把烟气控制在一定的防烟区域范围内，不让它扩大蔓延到疏散通道，提高人员疏散速度，便于人员快速逃生。根据 GB 50872—2014《水电工程设计防火规范》及 NB/T 35040—2014《水力发电厂供暖通风与空气调节设计规范》的规定，抽水蓄能电站的地下副厂房的楼梯间及电梯间合用前室应设置机械加压送风设施进行火灾时防烟。

排烟系统的作用：建筑内一旦发生烟火灾情，能迅速启动，及时地把烟气排出建筑外，使疏散人员、救灾人员不被烟气所困，减少人员的伤亡和财产损失，为救人救火创造有利的条件。根据上述规范规定，抽水蓄能电站的发电机层、主变压器搬运道及主副厂房超过 20m 的内走道有排烟要求。

7.5.2 设计方案说明

（1）防烟系统设计方案：主副厂房防烟楼梯间与合用前室设置加压送风系统，火灾发生时启动，阻止烟气蔓延至该疏散通道，保证人员安全疏散，风量取自于厂外，楼梯间正压值取 40～50Pa，合用前室正压值取 25～30Pa。楼梯间送风口按每隔 2～3 层设置，为常开型百叶送风口；前室送风口每层设置，为常闭型电动多页送风口，火灾时电动开启火灾层及火灾上下层的加压送风口，并联动正压送风机送风防烟。送风口风速不大于 7m/s。

（2）排烟系统设计方案：

1）主厂房发电机层：设置发电机层排烟系统，排烟风机布置在主副厂房顶层，排烟风管设在发电机层拱顶中间，风机前设多页排烟阀与排烟防火阀。排烟风机与排烟阀平时关闭，火灾时自动启动，将带有烟雾的风量通过排风洞排到厂外，排烟防火阀常开，当通过的烟气温度达到 280℃时关闭，并联动排烟风机关闭。排烟量按一台机组段地面面积不少于 120m^3/(h·m^2) 计算。当进排风通道形成后，该排烟风机即可安装，可以兼用于施工期的排风，在对该排烟风机选型时适当考虑此用途。补风由进厂交通洞自然补风。

2）主变压器搬运道：设置主变压器搬运道排烟系统，排烟风机布置在主变压器洞顶层，排烟风管布置在主变压器搬运道上方，排烟风机前设排烟阀。平时排烟阀及排烟风机关闭，火灾时自动启动，将带有烟雾的风量通过排风洞排到厂外，排烟防火阀常开，当通过的烟气温度达到 280℃时关闭，并联动排烟风机关闭。排烟量按一台机组段地面面积不少于 120m^3/(h·m^2) 计算。补风由进厂交通洞自然补风。

3）主副厂房内走道：设置内走道排烟系统，排烟风机布置在主副厂房顶层，设主副厂房排烟竖井，每层走廊设置排烟口。平时排烟风机与排烟口关闭，火灾时自动开启。排烟量按最大面积内走道所在层的内走道地面面积不少于 120m^3/(h·m^2) 计算，同时设置补风系统，补风由安全洞从洞外取风，当设置机械补风系统时，其补风量不宜小于排烟量的 50%。

7.6 主厂房回风系统

抽水蓄能电站地下洞室内起雾结露的现象较为明显，给电站安全运行带来一定程度上的不利影响。厂房内设置的空调设备机械制冷时能去除厂外空气中较多的水分，但在全新风系统中，经空调设备除湿后的空气使用后被排至厂外，不重复使用。如果能使得内部空间相对密闭，在高温高湿季节，减少新风量，采取回风运行，由于室内空气循环，不断的经过空气处理机除湿，空气中的水分不断析出，即使冷表面低于空气露点温度，冷表面与空气进行持续的热交换后，冷表面结露，但当空气含湿量下降到一定程度时，由于空气处理机组和除湿机在不断除湿，结露现象终将停止。

基于这个原理与设想，地下洞室群土建及通风设计时可建立回风通道，潮湿季节或高温高湿天气采取回风运行，避免新风将过多的湿气带入厂房（其他季节为保证厂房空气品质可全新风运行）。潮湿季节送风温度可相应降低，以充分利用空调设备的除湿功能。运行人员可根据天气情况提前对系统运行方式进行转换（即全新风运行与回风运行的转换）。

在回风工况运行时，主厂房蜗壳层回风至蜗壳层空气处理机组，该回风气流组织见图 7-10；主厂房形成蜗壳层回风至空气处理机房的回风气流组织。副厂房侧空气处理机回风可设置竖井回风或者利用排烟管回风（排烟管上设置回风机及切换阀）。回风运行时，关闭母线洞排风机，启动母线洞单元式空调。

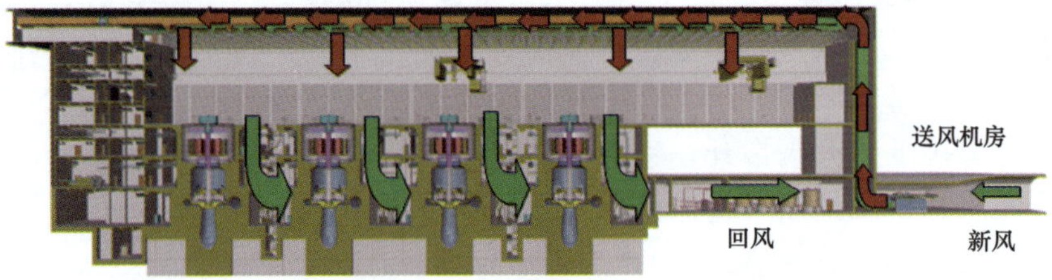

图 7-10　主厂房全新风/回风运行气流组织示意图

回风运行方式利用现有廊道及风门设置，未额外增加工程开挖量，不仅在很大程度上改善了厂内结露现象，与全新风运行方式在节能方面比较，也有较好的表现。以某南方实际电站为例，全新风和回风运行两种运行方式下，母线洞空气温度与设备（冷水机组、母线洞排风机）耗电功率情况见表 7-5。

表 7-5　　不同运行方式下设备耗电功率表

运行方式	母线洞单元空调	母线洞空气温度（℃）	母线洞单元空调耗电功率（kW）	冷水机组耗电功率（kW）	母线洞排风机耗电功率（kW）	合计耗电功率（kW）
全新风	不开启	34	0	430	74	504
回风	开启	28	60	215	0	275

因空气在厂房内的吸湿量较小，为便于分析比较，不考虑空气在厂房内的吸湿量对焓值的影响。从表 7-5 可见，全新风与回风运行方式下，母线洞内空气温度及其他能耗是大不相同的；回风运行时，开启母线洞单元空调，母线洞温度得到更好的保证，排风机停运，只需运行一台冷水机组即可。根据表 7-5 计算，回风运行时，设备电能总损耗功率不及全新风运行时的 55%，这对厂用电的节省效果是相当明显的。

7.7　地下厂房防潮防结露措施

7.7.1　厂内潮湿原因分析

地下厂房潮湿的原因主要有下面几个：

（1）岩体表面渗水。

（2）管路连接处漏水。

（3）库水温度过低使得水管表面或者壁面结露。

（4）室外空气本身潮湿未经处理进到厂房带来湿气。

7.7.2　除湿措施

（1）防渗水、漏水。

防渗水、漏水虽不是空气调节的范畴，却是防潮去湿的重要环节，因此应加强岩壁有序排水，查漏堵漏，防止水管连接处漏水，地沟加盖板，减少水分的蒸发，及时清理地面积水，减少其蒸发量。

（2）机械除湿。

室外空气的高温高湿的特点使其带入多余的水分进入厂房，因此必须对其进行除湿处理，进入厂房前利用空气处理机组的表冷段进行冷冻除湿处理，此过程能最大程度的将空气中多余的水分去除；经除湿处理后的空气在潮湿的厂房底部区域会吸收渗水、漏水蒸发的水蒸气，使得含湿量增大，因此在水轮机层及蜗壳层设置了低温除湿机进行局部除湿，改善该区域的空气状况。

（3）回风运行。

设置回风通道，潮湿季节与潮湿天气时，可采取回风运行（取风于主机间蜗壳层），避免新风将过多的湿气带入厂房（其他季节为保证厂房空气品质可全新风运行）。电厂可根据天气情况提前对系统运行方式进行转换（即全新风运行与回风运行的转换）。

7.8　设备布置方案

7.8.1　主厂房通风空调系统

右端送风机房位于主副厂房拱顶，布置有 2 台风量组合式空气处理机组、冷冻水系统附件及其他排风排烟系统设备。左端送风机房位于蜗壳层左端，布置 2 台风量组合式空气处理机组及冷冻水系统附件。

发电机层拱顶上方布置 4 根主厂房送风管、1 根发电机层排烟管和 1 根油库排风管。每个机组段，发电机层上游墙下部设 6 个或者 4 个百叶风口对应连接夹墙内布置的 6 根或者 4 根预埋风管，其中 2 根连接至母线层，另外 4 根或者 2 根分别连接至水轮机层和蜗壳层，风管与母线层、水轮机层和蜗壳层上游墙连接处均设置风机，用于从发电机层取风。

母线层、水轮机层、蜗壳层上游侧墙上分别设置 8、8 台或者 4 台及 8 台或者 4 台低噪声轴流风机。水轮机层与蜗壳层下游墙上分别设置 8 台及 4 台低噪声轴流风机；该两层每机组段均设置 1～2 台除湿机。尾水管层设置 2 台除湿机及 1 台低噪声轴流风机。透平油库排风机房内设置 1 台防爆离心风机，油处理室及油库内设置排风管连接离心风机。每条母线洞内设置 3～4 台风机盘管或 1～2 台水冷冷风机。

7.8.2 主副厂房通风空调系统

各层（拱顶层除外）设置送风系统 1 套，包括 1 台水冷空调风柜及送风管路。另设置排风系统 1 套，包括 1 台排风低噪声风机及排风管路。水轮机层另设 2 台螺杆式水冷冷水机组，3 台冷冻水泵、3 台冷却水泵及其他系统附件。

拱顶层设置空气处理机组 2 台，副厂房总排风机、发电机层排烟机、蓄电池室排风机、卫生间排风机、内走道排烟风机、内走道补风机、防烟楼梯间及电梯前室加压送风机各 1 台。

7.8.3 主变压器洞（含出线洞）通风系统

各设备间均设进风口及排风机，排风机均设置在主变压器拱顶内，各室排风在主变压器拱顶汇合后引入主变压器总排风机室，主变压器洞总排风机房布置在主变压器洞拱顶端头，内设 2 台离心风机；母线洞排风机房与主变压器排风机房相邻布置，内设 2 台离心风机。油处理室设专用排风管及防爆排风机，排风机布置在拱顶层。管线层设专用排风竖井及排风机，排风机布置在拱顶层。高压电缆出线洞（平洞或竖井）内每间隔 100m 设置防火阀，出线洞地面出口处设 1～2 台屋顶风机或混流风机。

7.8.4 尾闸室通风系统

尾闸室设置通风系统 1 套，根据布置情况设置送风机 1 台及送风管路；另设尾闸室总排风机 1～2 台。

7.8.5 排水廊道通风系统

上中下层排水廊道内设置轴流/混流风机及密闭门，形成合理的气流组织，将空气从底部洞室排至厂外。

7.9 管路和管件

7.9.1 明装风管

（1）采用机制彩钢板风管。彩钢风管以热镀锌钢板为基材，基板含锌量 175g/m^2，彩钢板彩涂产品采用优异耐候性、耐酸性及抗环境污染性的氟碳（PVDF）涂层。

（2）风管要求表面平整，咬口缝严密，折角平直，圆弧均匀，无翘角，表面无破损，凹凸不大于 5mm；咬口、折边、切口均应做防锈处理，彩钢板基材不得直接与空气接触。

（3）普通风管厚度要求（A 为风管长边尺寸或直径，单位为 mm）：

1）$A\leqslant 1000$，厚度$\geqslant$0.8mm；

2）$1000<A\leqslant 1500$，厚度$\geqslant$1.0mm；

3）$1500<A\leqslant 4000$，厚度$\geqslant$1.2mm。

（4）排烟风管厚度要求：

1）$A\leqslant 1000$，厚度$\geqslant$1.0mm；

2）$1000<A\leqslant 1500$，厚度$\geqslant$1.2mm；

3）$1500<A\leqslant 2000$，厚度$\geqslant$1.5mm；

4）$A>2000$，应按设计需求确定厚度。

（5）风管加固：边长大于 1250mm 的风管，应采用 S30408 不锈钢管、角钢内支撑加固，其中不锈钢角钢规格为 40×4，不锈钢管规格 ϕ20×2，支撑间距不大于 1000mm×1000mm。

（6）保温风管采用双层彩钢板夹保温材料。风管壁厚同普通风管，保温材料为高密度玻璃棉板材，厚度不小于 25mm。

7.9.2 预埋及暗装风管

（1）采用 S30408 不锈钢材料制作。

（2）暗装风管厚度要求参照明装风管。

（3）预埋风管厚度应不小于 3.0mm。

（4）边长大于 1250mm 的风管，应采用 S30408 不锈钢管、角钢内支撑加固，其中不锈钢角钢规格为 40×4，不锈钢管规格 $\phi20\times2$，支撑间距不大于 1000mm×1000mm。

7.9.3 水管及管件

（1）空调系统水管及管件均采用不锈钢（材料牌号：06Cr19Ni10）无缝钢管。

（2）空调冷冻水供回水管、凝结水管应设保温、防结露措施，保温材料应环保、无毒、阻燃、耐膨胀、防潮，且满足《建筑设计防火规范》（GB 50016）、《设备及管道绝热技术通则》（GB/T 4272）、《工业设备及管道绝热工程施工规范》（GB 50264）等规范要求。

（3）空调系统明敷管路支架、托架、吊架等采用新型的组合式成品防腐支架及托架；埋管的支撑的型式需满足国网新源公司通用细部工艺设计的要求。

第 8 章 南方地下洞室群通风系统（南方方案）主要设备清册

主要设备配置：配置 4 台组合式空气处理机组送风，机组一般由进风段、过滤段、表冷段、中间段、风机段、均流段及出风段等功能段组成，实现对进风的冷却、除湿处理，主厂房上、下游墙设辅助风机若干。主副厂房每层均设 1 台空调风柜及 1 台混流排风机。母线洞配置 2 台排风机。主变压器洞配置 2 台排风机。通风及空调主要设备清册见表 8-1（以某南方电站为例）。

表 8-1　　通风空调主要设备清册

序号	设备名称	设备参数	单位	数量	布置位置/用途
1	螺杆冷水机组	$Q\geqslant1030$kW $N\leqslant216$kW	台	2	主副厂房水轮机层空调主机室
2	空气处理机组	$L=50000$m³/h $N\leqslant18.5$kW	台	2	蜗壳层送风机室
			台	2	主副厂房顶送风机室
3	空调冷冻水泵	$L=190$m³/h $H=30$m	台	3	主副厂房水轮机层空调主机室
4	空调冷却水泵	$L=225$m³/h $H=40$m	台	3	主副厂房水轮机层空调主机房
5	冷却水泵	$L=160$m³/h $H=30$m	台	2	主副厂房水轮机层空调主机室
6	膨胀水箱	1m³	个	1	主副厂房水轮机层空调主机室

续表

序号	设备名称	设备参数	单位	数量	布置位置/用途
7	吊顶式空调风柜	6 排冷量 30.5kW 中速风量 4000m³/h	台	1	主副厂房送风
8	吊顶式空调风柜	8 排冷量 44kW 中速风量 5000m³/h	台	2	主副厂房送风
9	吊顶式空调风柜	8 排冷量 53kW 中速风量 6000m³/h	台	1	主副厂房送风
10	吊顶式空调风柜	4 排冷量 23kW 风量 4000m³/h	台	1	主副厂房送风
11	吊顶式空调风柜	8 排冷量 22kW 风量 2500m³/h	台	1	主副厂房送风
12	单元式空调机	制冷量 95.7kW 风量 14000m³/h	台	7	母线洞、SFC 输入、输出变室、SFC 盘柜室
13	离心风机	$L=95700$m³/h $H=785$Pa	台	2	母线洞排风
14	离心风机	$L=133800$m³/h $H=755$Pa	台	2	主变压器洞排风
15	离心风机	$L=56200$m³/h $H=363$Pa	台	1	主副厂房排风

续表

序号	设备名称	设备参数	单位	数量	布置位置/用途
16	离心风机	L=30800m³/h H=686Pa	台	1	尾闸洞排风
17	防爆离心风机	L=8050m³/h H=618Pa	台	1	透平油库排风
18	消声双速混流风机	L=8040/4020m³/h H=680/170Pa	台	2	主副厂房排风
19	消声双速混流风机	L=10900/5450m³/h H=621/155Pa	台	4	主副厂房、主变压器洞排风
20	消声双速混流风机	L=12000/6000m³/h H=592/148Pa	台	1	主副厂房排风
21	消声双速混流风机	L=6122/3061m³/h H=424/106Pa	台	5	主副厂房排风
22	消声双速混流风机	L=90010/45508m³/h H=998/561Pa	台	2	高压电缆洞排风
23	消声混流风机	L=2205m³/h H=138Pa	台	1	主副厂房排风
24	消声混流风机	L=18700m³/h H=510Pa	台	1	主副厂房楼梯正压送风
25	消声混流风机	L=41415m³/h H=616Pa	台	4	主变压器室排风
26	消声混流风机	L=27525m³/h H=575Pa	台	5	主变压器洞各室排风
27	消声混流风机	L=15334m³/h H=537Pa	台	8	主变压器洞各室、主副厂房前室正压送风

续表

序号	设备名称	设备参数	单位	数量	布置位置/用途
28	消声混流风机	L=8179m³/h H=551Pa	台	6	主变压器洞各室排风
29	消声防爆混流风机	L=3131m³/h H=258Pa	台	1	主变压器洞绝缘油处理室排风
30	轴流风机	L=1164m³/h H=127Pa	台	3	油污水处理设备室、污水泵房、污水处理室排风
31	轴流风机	L=10736m³/h H=173.5Pa	台	8	母线层辅助送风
32	轴流风机	L=7655m³/h H=138.2Pa	台	12	水轮机层辅助送排风，蜗壳层辅助送风
33	轴流风机	L=5581m³/h H=112.7Pa	台	5	蜗壳层辅助、主变压器洞备品备件室、高压试验室排风
34	轴流风机	L=4263m³/h H=95.1Pa	台	1	尾水管层回风
35	轴流风机	L=2737m³/h H=70Pa	台	1	主变压器洞工具间排风
36	高温排烟风机	L=82236m³/h H=772Pa	台	1	主厂房排烟
37	高温排烟风机	L=22439m³/h H=655Pa	台	1	主变压器搬运道排烟
38	高温排烟风机	L=15102m³/h H=610Pa	台	1	主副厂房内走道排烟
39	排气扇	L=1000m³/h	台	4	卫生间
40	低温除湿机	Q=10kg/h N=4.2kW	台	48	水轮机层、蜗壳层、尾水管层、闸门室进厂交通洞

第9章　南方地下洞室群通风系统（南方方案）使用说明

9.1　基本使用步骤

本通用设计方案可供实际工程在可行性研究、招标设计阶段参考使用。

使用者可根据实际工程适用条件、前期工作确定的原则进行分析，如果实际工程的基本技术条件符合方案一的基本技术条件，便可直接采纳方案一作为抽水蓄能电站的本体设计，对通用设计中未包括的或因实际工程条件不同而变化大的部分进行调整，完成整体设计。在具体工程设计时应综合考虑各方面因素，在使用时应与现有国家、行业标准相关内容配套使用。具体见下述9.2～9.3节中各专业的使用边界条件及特殊说明。

9.2　土建部分

本标准化地下厂房洞室群布置采用《国家电网公司抽水蓄能电站工程通用设计　地下厂房分册》为基础，使用者在地下洞室群布置不一致时可参考本标准化内容进行适当调整。通风兼安全洞断面尺寸应在满足通道使用功能的前提下根据计算通风量的要求确定。

本典型方案为主厂房采用进厂交通洞和通风兼安全洞送风道同时作为主厂房送风通道，排风主要采用通风兼安全洞排风道排风。

对地下洞室群排水廊道通风系统设计的方案及原则做了相应说明，但在工程实际中可根据地下洞室群排水廊道的布置情况等做适当调整。

9.3　通风空调部分

本设计空气条件设定为，交通洞和通风兼安全洞无地热的南方暖和或酷热、潮湿地区。地下副厂房各房间可根据实际布置的设备散热复核空气参数，可根据实际需要用水冷风机盘管替代送风机，冷冻水从冷水机组上取用。

由于地下电站通风量巨大，在潮湿季节，随空气带入大量湿气，不仅增加空气处理机组除湿负担造成能源耗费，还极易导致通风洞室严重结露等情况的发生。因此，根据以往电站设计经验和运行情况的了解，本设计设置了防潮回风道，干燥天气和非潮湿季节执行“直流模式”（空气处理机组从室外引新风），随着潮湿季节到来，厂内空气变得湿润或通风洞室（包括厂房内各区域）出现潮湿现象，即可执行“回风模式”，关闭“直流模式”中从厂外进风门，开启“回风模式”，关闭母线洞排风机，即完成两通风模式的切换。电厂可根据天气气候情况和厂内空气状况提前判断，对通风系统运行模式进行灵活切换。

当尾部式地下厂房尾水施工支洞渗水较大时，为避免新风经过时将湿气带入空调机房，增加空气处理机的负荷，可采取对尾水施工支洞进行衬砌方式；或直接从进厂交通洞与尾水施工支洞交岔口采用风管引风方式；有条件时也可在进厂交通洞适当部位向下布置通风竖井直接从进厂交通洞引风，避免新风经过尾水施工支洞渗水段。

地下洞室群排水廊道采用直流机械送排风系统，第一层独立送排风，第二、三层联合通风，风机运行时门为常闭状态。

第10章　北方地下洞室群通风系统（北方方案）设计说明

10.1　使用场合

本通用设计方案二适用于北方寒冷或严寒、干燥地区抽水蓄能电站地下洞室群通风系统的布置设计。

10.2　设计条件

10.2.1　室内、室外空气设计参数

（1）室外空气计算参数（北方某实际电站资料）。

大气压力：冬季 P_d＝98870Pa；夏季 P_x＝97540Pa。

冬季通风计算温度：－20℃。

夏季通风计算温度：21℃。

室外年平均温度：5.7℃。

夏季通风室外计算相对湿度：65%。

冬季供暖计算温度：－25℃。

（2）室内空气参数。室内空气参数表见表10-1。

表 10-1　室内空气参数表

序号	生产场所	夏季		冬季	
		温度（℃）	相对湿度（%）	温度（℃）	相对湿度（%）
1	发电机层	≤28	≤75	≥10	—
2	母线层	≤30	≤75	≥5	—
3	水轮机层	≤30	≤75	≥8	—
4	蜗壳层	≤33	≤75	≥5	—
5	空气压缩机室	≤33	≤75	≥12	—
6	厂用变压器室	≤35	—	≥5	—
7	GIS室、电缆室	≤35	—	≥5	—
8	母线洞、电抗器室	≤40	—	≥5	—
9	中控室、计算机室	26～28	45～65	18～22	≥30
10	通信室、办公室	26～28	45～65	18～22	≥30

10.2.2　通风要求

蓄电池室、油罐室、油处理室、SF_6全封闭组合电气室需要保持负压，其进风量一般为排风量的80%，且排风系统单独设置，其通风换气次数表参见表10-2。

表 10-2　通风换气次数表

地点	通风换气次数（次/h）
油罐室	3
油处理室	6
阀控式密封铅酸蓄电池室	3
SF_6 全封闭组合电气室	≥4
其他房间	≥2

10.2.3　设备余热负荷

北方某实际电站（即上述室外气象资料所属电站）地下厂房各部位设备散热量参见表10-3。

表 10-3　地下厂房主要部位设备散热量表（北方方案）

部位	房间名称	余热负荷（kW）	合计（kW）
主机间	发电机层	245	423
	母线层	178	
主变压器洞	1号主变压器室	56	224
	2号主变压器室	56	
	3号主变压器室	56	
	4号主变压器室	56	
母线洞	1号母线洞	140	560
	2号母线洞	140	
	3号母线洞	140	
	4号母线洞	140	

10.3　地下洞室群布置

地下洞室群由主厂房洞、母线洞、主变压器洞、500kV电缆出线洞、尾闸洞、进厂交通洞、通风兼安全洞、排水廊道及施工支洞等组成。主厂房、主变压器洞、尾闸洞三大洞室平行布置。主厂房洞与主变压器洞之间在每台机组段各设一条母线洞。安装间与主变压器洞之间设置一条主变压器运输洞。主副厂房到主变压器洞之间设置一条交通电缆洞。进厂交通洞从主厂房左端安装间端部进入。通风兼安全洞从主厂房右端的主副厂房端部进入。

北方方案，空气处理机室分别布置在主厂房两端顶拱位置，左端空气处理机室布置在安装间顶拱端部专门开挖洞室形成，并利用排水廊道从右端通风兼安全洞引新风；右端空气处理机室布置在主副厂房顶层，从通风兼安全洞取新风。所有新风均来至通风兼安全洞的送风道。

利用安装间下部的厂房中下部施工支洞内设置油处理室和透平油库，油库外侧沿安装间端墙设置油库排烟竖井，竖井通至主厂房顶拱。

主变压器洞左端通过主变压器进风洞与进厂交通洞相通，右端上部设置主变压器排风洞与主厂房通风兼安全洞排风道相连。

尾闸洞左端通过尾闸运输洞与进厂交通洞相连通，右端上部设置尾闸排风洞与主厂房通风兼安全洞排风道连接，中部布置有尾闸交通洞与主变压器洞主变压器层相连。

地下厂房主洞室群外围设置三层排水廊道。厂区渗漏水经各层排水廊道和排水孔截排至下层排水廊道，经下层排水廊道汇入尾闸洞内的渗漏集水井，再采用水泵抽排的方式将水从集水井抽排至山体外。有设置自流排水洞条件的，不需设置渗漏集水井，直接通过排水廊道自排。

10.3.1　主机间布置

地下主厂房由主机间、安装场和主副厂房等三部分组成，其中安装场位于主机间左侧，主副厂房位于主机间右侧。进水阀设于主厂房内，主机间分尾水管层、蜗壳层、水轮机层、母线层、发电机层、顶拱层共6层布置。

（1）顶拱层布置。

顶拱层通常采用网架结构，网架顶面设置防水板和通风、排烟管道等设备。防水板上开设通风、排烟口。网架下部安装照明灯具等设备。

（2）发电机层布置。

发电机层下游侧主要布置电气二次设备机旁盘；上游侧为运行、巡视通道，上游边墙布置有通风口、风管等通风系统设备。安装间布置于主机间左端，与发电机层同高程，布置有发电电动机定子等部件的组装工位。同时，在安装间端部设置保安室、工器具室等辅助副厂房。

（3）母线层布置。

母线层主要布置调速器及油压装置等机组附属设备；发电电动机主引出线等电气一次设备；油压装置控制柜等电气二次设备。上、下游边墙布置有通风口、风机和风管等通风系统设备。

（4）水轮机层布置。

水轮机层主要布置进水阀油压装置等机组附属设备；油压装置控制柜等电气二次设备。上、下游边墙布置风口、风机和风管等通风系统设备。

（5）蜗壳层布置。

蜗壳层主要布置进水阀及操作系统等机组附属设备；机组冷却供排水设备等水力机械辅助设备。上、下游边墙布置风口、风机和风管等通风系统设备。

蜗壳层安装场下施工支洞局部扩挖后，布置透平油库、油处理室、空气处理机房等辅助房间。透平油库与油处理室设置有良好的通风换气装置，设置单独的油库排风机房及排风通道。

（6）尾水管层布置。

尾水管层主要布置机组检修排水设备等。检修管道廊道内布置风机等通风系统设备。

10.3.2　主副厂房布置

主副厂房布置在主厂房一端，与主机间同宽。主副厂房共分9层布置，其中发电机层以上分5层布置，发电机层以下分4层布置。主副厂房上游侧设有送风井、管道井和走廊补风井，下游侧设有排风井、走廊排烟井，每层设置送、排风管、走廊补风管和通风空调设备等。主副厂房上游侧布置电梯和楼梯间通往各层，电梯井与楼梯间之间布置楼梯正压送风井和前室正压送风井；楼梯间旁布置卫生间，卫生间在发电机层、控制室层两层设置，卫生间污水采用一体化处理设置，卫生间上游侧设置排风井。各层设备布置如下。

第一层：污水处理层，与主厂房尾水管层地面高程相同，主要布置工业污水处理设备室。

第二层：空气压缩机层，与主厂房蜗壳层地面高程相同，主要布置中低压空气压缩机室。

第三层：空调机层，与主厂房水轮机层地面高程相同，主要布置有冷水机房、机修间等。

第四层：厂用变压器层，与主厂房母线层地面高程相同，主要布置公用厂用变压器室、照明变压器室、保安检修变压器室与电气工作间等。同时，在第三层与第四层之间设置了一个动力电缆夹层，层高2.6m，并设置一电缆联系廊道与主变压器洞电缆廊道联通。

第五层：低压配电盘层，与主厂房发电机层地面高程相同，主要布置

400V 公用配电盘室，照明配电盘室、保安检修配电盘室和会议室。

第六层：监控设备层，主要布置地下值班室、交接班室、UPS 与 LCU 室、资料室及二次工具间等。

第七层：电缆夹层，主要用于电气二次控制电缆的敷设。

第八层：蓄电池层，主要布置二次辅助盘柜室和蓄电池室。

第九层：通风设备层，主要布置电梯机房、排风机房、排烟机及通风排烟管路等。

10.3.3 母线洞布置

母线洞布置在主厂房与主变压器洞之间，共 4 条。母线洞内主要布置发电机出口离相封闭母线等电气设备等。

10.3.4 主变压器洞布置

主变压器洞分三层布置，即变压器层、GIS 层、通风层，其中变压器层与发电机层同高。主变压器洞上游为启动母线道，共分三层，底层与母线层同高，为母线排风道，与端部排风竖井相连；中间层与变压器层同高，顶层与 GIS 层同高。

变压器层主要布置主变压器、联系母线、厂用变压器、隔离变压器等设备，各房间上下游墙内布置风口和通风设备。上游侧启动母线道布置启动母线；下游侧为主变压器搬运道，布置排烟管道等通风设备。

GIS 层上游侧启动母线廊道主要布置启动母线和启动母线分段开关；下游侧廊道主要布置主变压器高压侧 GIS 和高压电缆，4 个主变压器室间隙布置 4 组限流电抗器和 1 组 SFC 输出电抗器，各房间上游墙内设置通风口。

通风设备层主要布置通风设备及管路。

主变压器洞右端设有副厂房，分五层布置。第一层为电缆夹层；第二层为高压配电盘层，与变压器层地面高程相同，主要布置 10kV 高压厂用配电盘、SFC 输入变压器和 SFC 输出变压器等设备；第三层为电缆夹层；第四层为 SFC 层，与 GIS 层地面高程相同，主要布置 SFC 盘柜室、配电盘室及高压试验室等；第五层为通风设备层。各层均设置有通风口和排风管道及设备。

主变压器洞的右端布置一个电缆竖井，设置一个楼梯与一台电梯。2 回 500kV 高压电缆及动力控制电缆通过该电缆竖井、电缆平洞引至地面开关站电缆层。

主变压器洞根据防火疏散距离要求，设置两个楼梯，分别布置在 1 号主变压器右端和 4 号主变压器左端，楼梯可直达主变压器洞顶拱，并可通达主厂房顶拱通风兼安全洞。

10.3.5 尾闸洞布置

尾水闸门室共布置 4 孔 4 套事故闸门，1 台 500kN 台车。尾闸室右端布置厂房渗漏集水井及渗漏排水泵房。尾闸洞右端尾闸排风洞内设置排风设备等。

10.3.6 进厂交通洞

地下厂房对外交通主要通过进厂交通洞、通风兼安全洞与地面公路相连。进厂交通洞从安装场端部进入厂房。进厂交通洞靠近主厂房分岔洞通过主变压器进风洞和尾闸运输洞进入主变压器洞和尾闸洞。进厂交通洞在北方冬季季节易造成地面结冰，通常在进厂交通洞洞口设置大门，寒冷季节常关闭大门进厂交通洞不作为进风通道。针对进厂交通洞局部易形成雾气部位，也可采用布置除湿机等通风空调设备进行解决。

10.3.7 通风兼安全洞

通风兼安全洞从主副厂房端部进入厂房。无排风竖井布置的情况下，通风兼安全洞必须一分为二，一部分作为进风洞和厂内人员疏散通道；另一部分作为全厂的排风道。有排风竖井设置情况下，排风竖井作为专门排风通道后，通风兼安全洞仅在竖井至主厂房段进行分隔，其余部分均作为进风洞和厂内人员安全疏散通道。

10.3.8 500kV 电缆出线洞

500kV 出线洞采用竖井加平洞方案。竖井布置在主变压器洞右端，竖井升至地面开关站高程附近时设电缆平洞接至地面开关站 GIS 电缆层。

10.4 地下洞室群各区域供暖通风系统方案

北方方案地下洞室群供暖通风系统设计方法及流程基本同南方方案，区别为北方方案一般不需集中空调设备（部分热负荷较大的室内可设置单元空调），可根据需要设置供暖设备，具体如下：

（1）收集供暖通风计算与系统设计所需的所在地室外空气参数，主要包括夏季、冬季通风室外计算温度，夏季、冬季空调室外计算温度，极端最高、最低温度等参数；收集进风洞尺寸信息、衬砌及喷锚支护长度及导热、导温参数、岩石特性等，用于进风洞温降温升效应计算。

（2）根据机电各专业提供的设备散热资料，计算各洞室内机电设备散热量，并分区域统计。

(3) 规划洞室群内供暖通风系统及气流组织，对通风系统上下游各区域分配风量，计算供暖设备容量，对供暖通风系统各设备进行选型。

风量计算主要公式：

$$L = 3600Q/C\rho(t_p - t_j) \tag{10-1}$$

式中：L——风量，m^3/h；

Q——冷负荷，kW；

C——定压比热，kJ/(kg·℃)；

ρ——空气密度，kg/m^3；

t_p/t_j——排风/进风温度，℃。

地下洞室群采用机械通风为主，空调、供暖为辅的设计原则。供暖通风系统根据温度控制要求和区域具体可划分为：主厂房供暖通风系统（含母线洞）、主副厂房供暖通风系统、主变压器洞通风系统（含出线洞）、尾闸室通风系统、排水廊道通风系统、施工支洞及其他洞室通风系统。

10.4.1 主厂房供暖通风系统

虽然主厂房散热量大，设备及人员对温湿度要求高，但北方方案夏季室外计算通风温度不高，使用合理气流组织的通风系统即可满足主厂房温湿度要求；冬季通风温度极低，为满足主厂房对温湿度的要求，一般均需设置供暖系统。

主厂房两端设空气处理机房，机组内部设置电加热器或在送风通道内设置电加热管；与南方方案不同的是，北方方案两端机房均从通风兼安全洞取风，进厂交通洞处于关闭状态，可基本上杜绝交通洞内夏季起雾、冬季结霜现象的发生，提高车辆行驶安全。

夏季，进入空气处理机房内的空气，由机组送至主厂房拱顶，通过风管和风口下送至发电机层，再经过上游夹墙内的辅助送风机下送至母线层、水轮机层、蜗壳层，吸收各层余热后，由下游夹墙内的辅助排风机排至母线层，汇至母线洞，与南方方案不同的是，各母线洞内的排风不直接排至厂外，而是进入主变压器洞，作为主变压器洞的降温空气来源，气流组织三维示意图见10-1。

冬季，由风机引入的空气经电加热器（管）加热后送至主厂房拱顶，通过风管和风口下送至发电机层，再经过上游夹墙内的辅助送风机下送至母线层、水轮机层、蜗壳层，水轮机层及蜗壳层内设备散热较少，温度较低，根据实际电站情况，可在该两层的辅助送风机出口装设电加热器，满足温度要求。主厂房各层的排风气流组织同夏季，气流组织三维示意图见10-1。

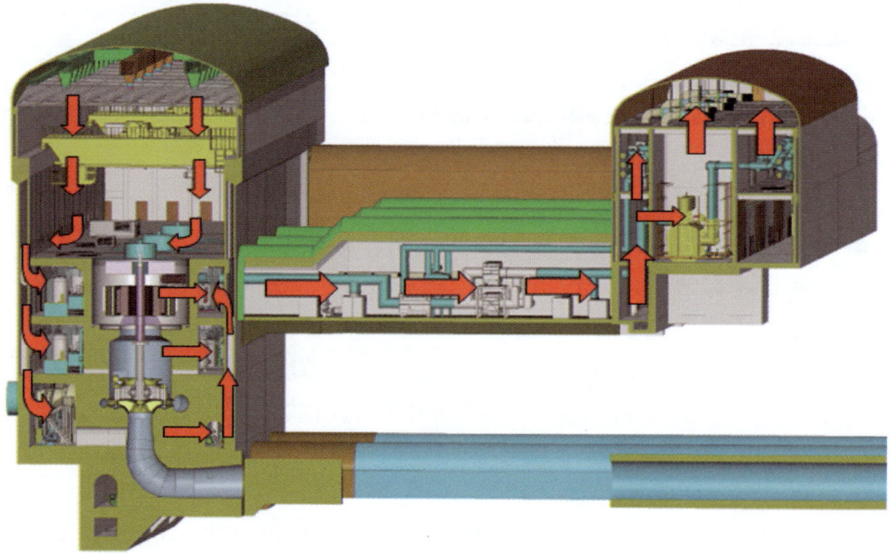

图10-1 主厂房通风气流组织示意图（北方方案）

(1) 主厂房各部位通风系统典型设计与布置。

1) 主厂房拱顶风管布置形式。

风管在拱顶网架上方的一般有吊装在拱顶下方与布置在网架上方两类布置形式，具体方案及示意图与南方方案一致，详见7.4.1相关内容。

2) 主厂房上下游墙内风管布置形式。

发电机层以下各层一般通过设置在上游墙内的风管与风机从发电机层取风，具体方案及示意图与南方方案一致，详见7.4.1相关内容。

3) 主厂房除湿机布置方案。

北方方案中，厂内空气温度较低，可采用转轮除湿机或冷冻除湿机。冷冻除湿机应选用低温型，应能在5～32℃范围正常工作，并在低温时有较高的效率。一般每台机组段宜配置数量合理、除湿量足够的除湿机。

(2) 母线洞通风方案。

同南方方案，从地下厂房布置、各区域的温湿度要求等方面考虑，北方方案母线洞同样归于主厂房通风系统之中，一般从主厂房取风，可通过合理的风量分配，确定北方电站母线洞是否需要设置空调设备。

（3）透平油库、油处理室通风方案。

采用自然进风、机械排风方式，设防爆风机和排风管，通过墙上的防火阀从蜗壳层自然取风，通过排风系统风管及建筑风道将空气排至厂外，不重复利用。

10.4.2　主副厂房供暖通风系统

主副厂房供暖系统与通风系统一般结合在一起，采用机械送、排风的模式，电热风机内的加热器仅冬季开启。考虑冬季供暖的节能因素，该送排风系统设计成可直流运行，可回风运行。

每层设置一套送风系统，通过送风管路送至各个房间，另设一套排风系统（为系统运行灵活，送排风机均可采用双速风机）。夏季，开启送风系统与排风系统，电热风机从厂外取风（电加热器不开启）。冬季，开启电热风机，将加热处理后的风量送至各房间，并通过墙上的风口回至加热送风系统，实现空气循环运行；如需通风换气，则可开启排风机将空气排至主副厂房排风竖井直至厂外，副厂房典型层供暖通风设备管路布置见图 10-2。

蓄电池室采用机械进风、机械排风方式，排风机将室内气流直接排至厂外而不是排风竖井，可避免蓄电池室空气串入其他各层房间，室内保持负压。

10.4.3　主变压器洞（含出线洞）通风方案

由第 2 篇南方方案描述可知，主变压器洞对空气温度要求较低，通过合理的风量分配，通常采用机械全排风系统或机械送排风系统即可满足主变压器洞各室对温度的要求；同理，出线洞通常采用机械送排风系统或者机械全排风系统也可满足要求。对于风冷 SFC 变压器室及风冷 SFC 开关柜室，散热量较大，如通风不满足温度要求时，建议设置空调设备，可根据实际情况选用风冷或水冷空调机。

与南方方案不同的是，北方方案主变压器洞从母线洞自然进风，各母线洞风量于母线汇合道汇合，通过主变压器洞上游墙上开设的风口进入主变压器洞上游启动母线廊道，主变压器洞各室均从上游启动母线廊道自然引风，其中一部分风量经高压电缆层使用后汇入电缆出线井（或平洞），再通过排风机排至洞外；其余风量经主变压器室等使用后排至主变压器拱顶，通过主变压器洞排风机排至厂外。排风机房设在主变压器洞拱顶右端，利用拱顶施工支洞局部扩挖后布置，施工支洞兼作主变压器洞排风道。主变压器管线层设置 SF_6 专用排风竖井，排风机设置在拱顶层，排风管接至排风洞排至厂外。主变压器洞通风气流组织见图 10-3。

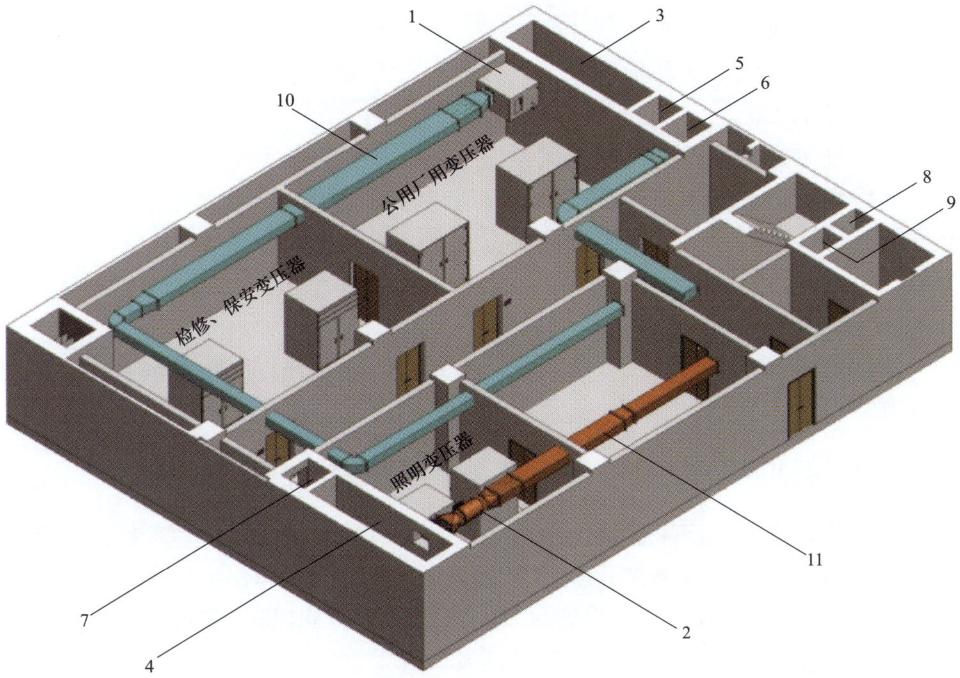

图 10-2　副厂房典型层供暖通风设备管路布置图（北方方案）

1—电热送风机；2—排风机；3—送风竖井；4—排风竖井；5—管道井（如果需要）；6—内走道补风竖井；7—内走道排烟竖井；8—楼梯间加压送风竖井；9—合用前室加压送风竖井；10—送风管；11—排风管

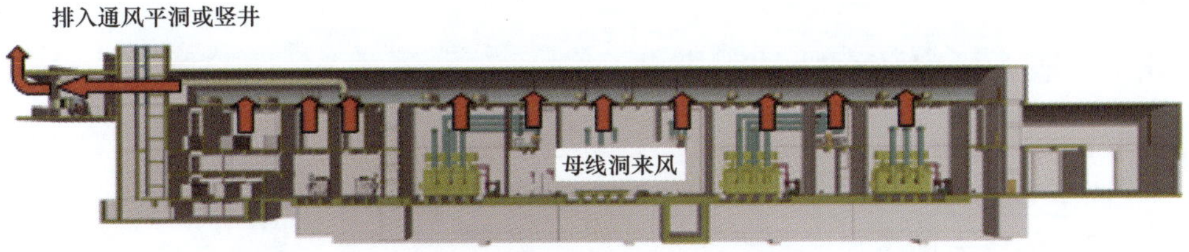

图 10-3　主变压器洞通风气流组织示意图（北方方案）

10.4.4　尾闸室通风系统

通常采用机械全排风系统或机械送排风系统，通过尾闸交通洞从主变压器搬运道取风，排风方案与南方电站相同，均为纵向扫过尾闸室后经排风机房送至通风洞直至厂外。

10.4.5　排水廊道通风系统

排水廊道通风方案与地域无关，因此北方方案排水廊道通风系统方案同南方方案，见 7.4.5。

10.4.6　施工支洞及其他洞室通风系统

同排水廊道，施工支洞及其他洞室通风方案与地域（南北方）无关，因此北方方案该区域的通风系统方案同南方方案，见 7.4.6 章节。

10.5　防排烟系统

防排烟系统方案与地域（南北方）无关，因此北方方案防排烟系统方案同南方方案，见 7.5 节。

10.6　厂房回风系统

由于北方方案主变压器洞从主厂房取风，因此将主厂房（含母线洞）及主变压器洞归为一个回风系统中。由于通风兼安全洞内进风道与排风道仅一墙（板）之隔，在该墙（板）上设置风口，平时常闭，回风运行时，开启该风口，使得主厂房及主变压器洞的排风通过该风口进入进风道，进入主厂房两端的送风机房，进而被送入主厂房，参与下一个回风循环。

潮湿季节或高温高湿天气采取回风运行，可避免新风将过多的湿气带入厂房。冬季严寒天气时采取回风运行，可节省送风电加热量。运行人员可根据天气情况及厂内温度情况对系统运行方式进行全新风运行与回风运行的转换。

10.7　地下厂房防潮防结露措施

10.7.1　厂内潮湿原因分析

同南方方案，北方方案地下厂房潮湿的原因主要也包括以下几方面：

（1）岩体表面渗水。

（2）管路连接处漏水。

（3）库水温度过低使得水管表面或者壁面结露。

（4）室外空气本身带来的湿气。

10.7.2　除湿措施

同南方电站，除湿措施包括防渗水漏水、机械除湿及回风运行三种。由于北方电站不设置空调（主变压器洞个别散热量较大的房间除外），因此机械除湿主要是指设置一定数量的除湿机。

10.8　设备布置方案

10.8.1　主厂房供暖通风系统

右端送风机房位于主副厂房拱顶，布置 2 台风量组合式空气处理机组及其他排风排烟系统设备。左端送风机房位于高程与主副厂房拱顶层相同的厂房左端，布置 2 台组合式空气处理机组及送风管路。

发电机层拱顶上方布置 4 根主厂房送风管、1 根发电机层排烟管和 1 根油库排风管。每个机组段，发电机层上游墙下部设 6 个或者 4 个百叶风口对应连接夹墙内布置的 6 根或者 4 根预埋风管，其中 2 根连接至母线层，另外 4 根或者 2 根分别连接至水轮机层和蜗壳层，风管与母线层、水轮机层和蜗壳层上游墙连接处均设置风机，用于从发电机层取风。

母线层、水轮机层、蜗壳层上游侧墙上分别设置 8 台、8 台或者 4 台及 8 台或者 4 台低噪声轴流风机。水轮机层与蜗壳层下游墙上分别设置 8 台及 8 台或者 4 台低噪声轴流风机；该两层每机组段均设置 1～2 台除湿机。尾水管层设置 2 台除湿机及 1 台低噪声轴流风机。透平油库排风机房内设置 1 台防爆离心风机，油处理室及油库内设置排风管连接离心风机。

10.8.2　主副厂房供暖通风系统

各层（拱顶层除外）设置供暖送风系统 1 套，包括 1 台电热风机及送风管路。另设置排风系统 1 套，包括 1 台排风低噪声风机及排风管路。

拱顶层设置空气处理机组 2 台，副厂房总排风机、发电机层排烟机、蓄电池室排风机、卫生间排风机、内走道排烟风机、内走道补风机、防烟楼梯间及电梯前室加压送风机各 1 台。

10.8.3　主变压器洞（含出线洞）通风系统

各设备间均设进风口及排风机，排风汇总至拱顶内，右端主变压器洞排风机房内设置 4 台离心风机。油处理室设专用排风管及防爆排风机，排风机布置在拱顶层。管线层设专用排风竖井及排风机，排风机布置在拱顶层。高压电缆出线洞（平洞或竖井）内每间隔 100m 设置防火阀，出线洞地面出口处设 1～2 台屋顶风机或混流风机。

10.8.4 尾闸室通风系统

尾闸室设置通风系统 1 套，根据布置情况设置送风机 1 台及送风管路；另设尾闸室总排风机 1～2 台。

10.8.5 排水廊道通风系统

上中下层排水廊道内设置轴流/混流风机及密闭门，形成合理的气流组织，将空气从底部洞室排至厂外。

10.9 管路和管件

10.9.1 明装风管

（1）采用机制彩钢板风管。彩钢风管以热镀锌钢板为基材，基板含锌量 $175g/m^2$，彩钢板彩涂产品采用优异耐候性、耐酸性及抗环境污染性的氟碳（PVDF）涂层。

（2）风管要求表面平整，咬口缝严密，折角平直，圆弧均匀，无翘角，表面无破损，凹凸不大于 5mm；咬口、折边、切口均应做防锈处理，彩钢板基材不得直接与空气接触。

（3）普通风管厚度要求（A 为风管长边尺寸或直径，单位为 mm）：

1）$A\leqslant1000$，厚度$\geqslant$0.8mm；

2）$1000<A\leqslant1500$，厚度$\geqslant$1.0mm；

3）$1500<A\leqslant4000$，厚度$\geqslant$1.2mm。

（4）排烟风管厚度要求：

1）$A\leqslant1000$，厚度$\geqslant$1.0mm；

2）$1000<A\leqslant1500$，厚度$\geqslant$1.2mm；

3）$1500<A\leqslant2000$，厚度$\geqslant$1.5mm；

4）$A>2000$，应按设计需求确定厚度。

（5）风管加固：边长大于 1250mm 的风管，应采用 S30408 不锈钢管、角钢内支撑加固，其中不锈钢角钢规格为 40×4，不锈钢管规格 $\phi20\times2$，支撑间距不大于 1000mm×1000mm。

（6）保温风管采用双层彩钢板夹保温材料。风管壁厚同普通风管，保温材料为高密度玻璃棉板材，厚度不小于 25mm。

10.9.2 预埋及暗装风管

（1）采用 S30408 不锈钢材料制作。

（2）暗装风管厚度要求参照明装风管。

（3）预埋风管厚度应不小于 3.0mm。

（4）边长大于 1250mm 的风管，应采用 S30408 不锈钢管、角钢内支撑加固，其中不锈钢角钢规格为 40×4，不锈钢管规格 $\phi20\times2$，支撑间距不大于 1000mm×1000mm。

10.9.3 水管及管件

（1）空调系统水管及管件均采用不锈钢（材料牌号：06Cr19Ni10）无缝钢管。

（2）空调冷冻水供回水管、凝结水管应设保温、防结露措施，保温材料应环保、无毒、阻燃、耐膨胀、防潮，且满足 GB 50016《建筑设计防火规范》、GB/T 4272《设备及管道绝热技术通则》、GB 50126《工业设备及管道绝热工程施工规范》等规范要求。

（3）空调系统明敷管路支架、托架、吊架等采用新型的组合式成品防腐支架及托架；埋管的支撑的型式需满足国网新源公司通用细部工艺设计的要求。

第 11 章 北方地下洞室群通风系统（北方方案）主要设备清册

主要设备配置：主厂房配置 4 台空气处理机组，机组内设置电加热器。主厂房上、下游墙设辅助风机若干。主副厂房每层各设 1 台电热送风机、排风混流风机。主变压器洞顶拱风机房配置 4 台总排风机。通风及空调主要设备清册见表 11-1（以某北方电站为例）。

表 11-1 供暖通风主要设备清册

序号	设备名称	设备参数	单位	数量	布置位置/用途
1	空气处理机组	$L=105540m^3/h$ $H=742Pa$	台	2	安装间端送风机室
				2	主副厂房顶送风机

续表

序号	设备名称	设备参数	单位	数量	布置位置/用途
2	离心风机	L=56200m³/h H=363Pa	台	1	主副厂房总排风
3	离心风机	L=30800m³/h H=686Pa	台	1	尾闸洞排风
4	防爆离心风机	L=8050m³/h H=618Pa	台	1	透平油库排风
5	消声双速混流风机	L=10900/5450m³/h H=621/155Pa	台	2	主副厂房排风
6	消声双速混流风机	L=8040/4020m³/h H=680/170Pa	台	2	主副厂房排风，主变洞排风
7	消声双速混流风机	L=6122/3061m³/h H=424/106Pa	台	4	主副厂房排风
8	电热风机	L=5000m³/h Q=50kW	台	2	主副厂房送风
9	电热风机	L=4000m³/h Q=40kW	台	2	主副厂房送风
10	电热风机	L=3000m³/h Q=30kW	台	4	主副厂房送风
11	消声双速混流风机	L=90010/45508m³/h H=998/561Pa	台	2	高压电缆洞排风
12	消声混流风机	L=18700m³/h H=510Pa	台	1	主副厂房楼梯正压送风
13	消声混流风机	L=41415m³/h H=616Pa	台	4	主变压器室排风
14	消声混流风机	L=27525m³/h H=575Pa	台	5	主变压器洞各室排风
15	消声混流风机	L=15334m³/h H=537Pa	台	12	主变压器洞各室、主副厂房前室正压送风
16	消声混流风机	L=8179m³/h H=551Pa	台	6	主变压器洞各室排风

续表

序号	设备名称	设备参数	单位	数量	布置位置/用途
17	消声防爆混流风机	L=3131m³/h H=258Pa	台	1	主变压器洞
18	轴流风机	L=1164m³/h H=127Pa	台	3	油污水处理设污水泵房、污水处理室排风
19	轴流风机	L=10736m³/h H=173.5Pa	台	8	母线层辅助送风
20	轴流风机	L=7655m³/h H=138.2Pa	台	12	水轮机层辅助送排风，蜗壳层辅助送风
21	轴流风机	L=5581m³/h H=112.7Pa	台	5	蜗壳层辅助排风、主变压器洞备品备件室、高压试验室排风
22	轴流风机	L=4263m³/h H=95.1Pa	台	2	尾水管层回风
23	轴流风机	L=2737m³/h H=70Pa	台	1	主变压器洞工具间排风
24	高温排烟风机	L=82236m³/h H=772Pa	台	1	主厂房排烟
25	高温排烟风机	L=22439m³/h H=655Pa	台	1	主变压器搬运道排烟
26	高温排烟风机	L=15102m³/h H=610Pa	台	1	主副厂房内走道排烟
27	排气扇	L=1000m³/h	台	4	卫生间
28	电暖气	N=5kW	台	20	地下厂房各区域
29	电暖气	N=3kW	台	10	地下厂房各区域
30	低温除湿机	Q=20kg/h N=8.2kW	台	28	水轮机层、蜗壳层、尾水管层、闸门室
31	单元式空调机	制冷量 80kW，风量 10000m³/h	台	3	SFC 输入、输出变室、SFC 盘柜室

第 12 章 北方地下洞室群通风系统（北方方案）使用说明

12.1 基本使用步骤

本通用设计方案可供实际工程在可行性研究、招标设计阶段参考使用。

使用者可根据实际工程适用条件、前期工作确定的原则进行分析，按照实际工程的基本技术条件参照上述方案进行抽水蓄能电站的通风空调系统设计，并对通用设计中未包括的或因实际工程条件不同而变化大的部分进行调整。在具体工程设计时应综合考虑各方面因素，在使用时应与现有国家、行业标准相关内容配套使用。具体见 12.2～12.3 节中各专业的使用边界条件及特殊说明。

12.2 土建部分

本标准化地下厂房洞室群布置采用《国家电网公司抽水蓄能电站通用设计　地下厂房分册》为基础，使用者在地下洞室群布置不一致时可参考本标准化内容进行适当调整。通风兼安全洞断面尺寸应在满足通道使用功能的前提下根据计算通风量的要求确定。

本典型方案为主厂房采用通风兼安全洞送风道同时作为主厂房送风通道，排风主要采用通风兼安全洞排风道排风。

对地下洞室群排水廊道通风系统设计的方案及原则做了相应说明，但在工程实际中可根据地下洞室群排水廊道的布置情况等做适当调整。

12.3 通风部分

本设计条件设定为，交通洞和通风兼安全洞无地热的北方寒冷或严寒地区。地下洞室设备间应根据冷负荷组织风量，对送排风设备进行选型与布置；应根据热负荷对电加热设备进行选型与布置。

本设计设置了回风道，平时执行“直流模式”（送风机组从室外引新风），潮湿天气，寒冷天气可执行“回风模式”，开启“回风模式”中送回风道之间的调节风门，即完成两通风模式的切换。电厂可根据天气气候情况和厂内空气状况提前判断，对通风系统运行模式进行灵活切换。

地下洞室群排水廊道采用直流机械送排风系统，第一层独立送排风，第二、三层联合通风，第一层送排风机同时启停，第二、三层送排风机同时启停，风机运行时门为常闭状态。

第 13 章 排风竖井设计说明

13.1 使用场合

本通用设计方案适合抽水蓄能电站地下洞室群布置有排风竖井专门作为全厂排风（排烟）通道的通风系统设计。

13.2 采用通风竖井排风与平洞排风的区别

运行期，机械排风设备投入进行全厂排风，只要排风机风压风量选择合理，采用平洞排风和采用排风竖井排风两种方案排风效果差异很小，均能满足排风要求；但平洞自然通风效果较差，不利于施工期自然排风。

在施工期，没有安装永久期通风设备的条件，无法形成有效的全厂通风气流组织，合理设置的通风竖井在一定的气象条件下能产生热压效应，能形成洞内、外之间空气流动，但热压效应与竖井高度、洞内外温度差等要素有关，竖井高度越高、竖井顶底部温度差越大，热压效应越明显；当洞外温度较低时，洞内热空气排向洞外，有利于施工条件的改善；但当洞内温度较低时，洞外温度较高时，洞外热空气将倒灌进洞内。

北方地区，洞外常年温度较低，设置排风竖井，施工期和运行期均可有效利用竖井的热压效应，达到有效的自然排风效果，降低风机的使用频率；且风机设备可布置在地面排风楼内，消除风机运行噪声对电站运行的影响。

13.3 排风竖井布置原则

(1) 有条件的情况下，抽水蓄能电站应尽量布置通风竖井。

(2) 排风竖井宜直通地面，竖井较高（高度大于 300m）可分段布置；根据地形条件和工程布置，竖井出口可接一段平洞与地面相通，但平洞长度不宜过长（不宜超过 100m）。

(3) 排风竖井出口具备修建道路的条件，且土建投资不宜过大。

(4) 排风竖井布置尽量靠近主厂房洞和主变压器洞，有利于施工期的排烟。

13.4 排风竖井设计

排风竖井通常设计为圆形断面，断面尺寸满足排风风量要求；排风竖井仅为排风（排烟）使用，排风竖井内部为空腔结构，无其他建筑物设施。排风竖井通常通过厂周排水廊道（扩挖）与主厂房、主变压器洞及尾闸洞的三条排风洞相连。全厂排风通过通风竖井排至厂外。

第 14 章　排风竖井设计使用说明

14.1 基本使用步骤

本通用设计方案可供实际工程在可行性研究、招标设计阶段参考使用。

使用者可根据实际工程适用条件、前期工作确定的原则进行分析，如果实际工程的基本技术条件符合排风竖井的基本技术条件，便可直接采纳排风竖井作为抽水蓄能电站的本体设计，对通用设计中未包括的或因实际工程条件不同而变化大的部分进行调整，完成整体设计。在具体工程设计时应综合考虑各方面因素，在使用时应与现有国家、行业标准相关内容配套使用。

具体见 14.2～14.3 节中各专业的使用边界条件及特殊说明。

14.2 土建部分

本方案为主厂房采用进厂交通洞和通风兼安全洞送风道同时作为主厂房送风通道，排风主要采用排风竖井排风。对排风竖井的设计原则做了相应说明，但在工程实际中应根据工程地形、地质条件及枢纽布置情况等，可做适当调整。如：当排风竖井太高，排风竖井不一定直接通至地面，也可在排风竖井顶部接平洞（勘探平洞）与地面相接。

14.3 通风空调部分

排风竖井排风设备及机房布置在地下或地面，应根据地域气候特征和工程枢纽条件确定，原则上北方寒冷地区，竖井排风设备及机房尽量布置在地面，可充分利用竖井自身的热压效应，减少风机设备的投入和使用频率；而南方酷热地区，竖井自身的热压效应作用不明显，竖井排风设备及机房尽量布置在洞内，以达到更好的排风效果。

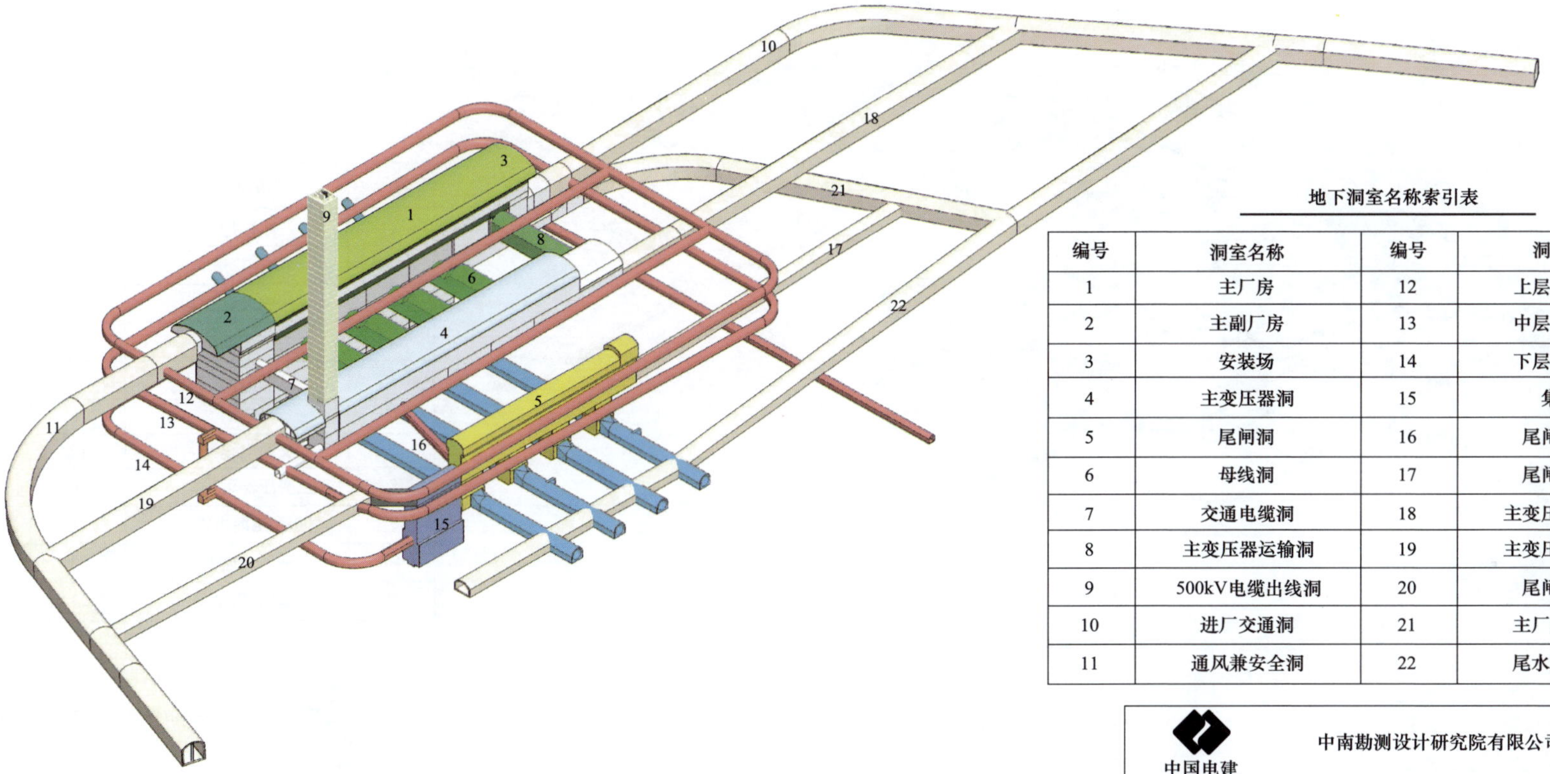

地下洞室名称索引表

编号	洞室名称	编号	洞室名称
1	主厂房	12	上层排水廊道
2	主副厂房	13	中层排水廊道
3	安装场	14	下层排水廊道
4	主变压器洞	15	集水井
5	尾闸洞	16	尾闸交通洞
6	母线洞	17	尾闸运输洞
7	交通电缆洞	18	主变压器进风洞
8	主变压器运输洞	19	主变压器排风洞
9	500kV电缆出线洞	20	尾闸排风洞
10	进厂交通洞	21	主厂房通风洞
11	通风兼安全洞	22	尾水施工支洞

中国电建　中南勘测设计研究院有限公司

核准			抽水蓄能电站	工程	技施设计	
核定					通风部分	
审查			地下洞室群布置图（南方方案）			
校核						
设计						
制图						
发证单位	住房和城乡建设部		比例	见图	日期	20171223
设计证号	A143000032		图号	附图1		

附图 1　地下洞室群布置图（南方方案）

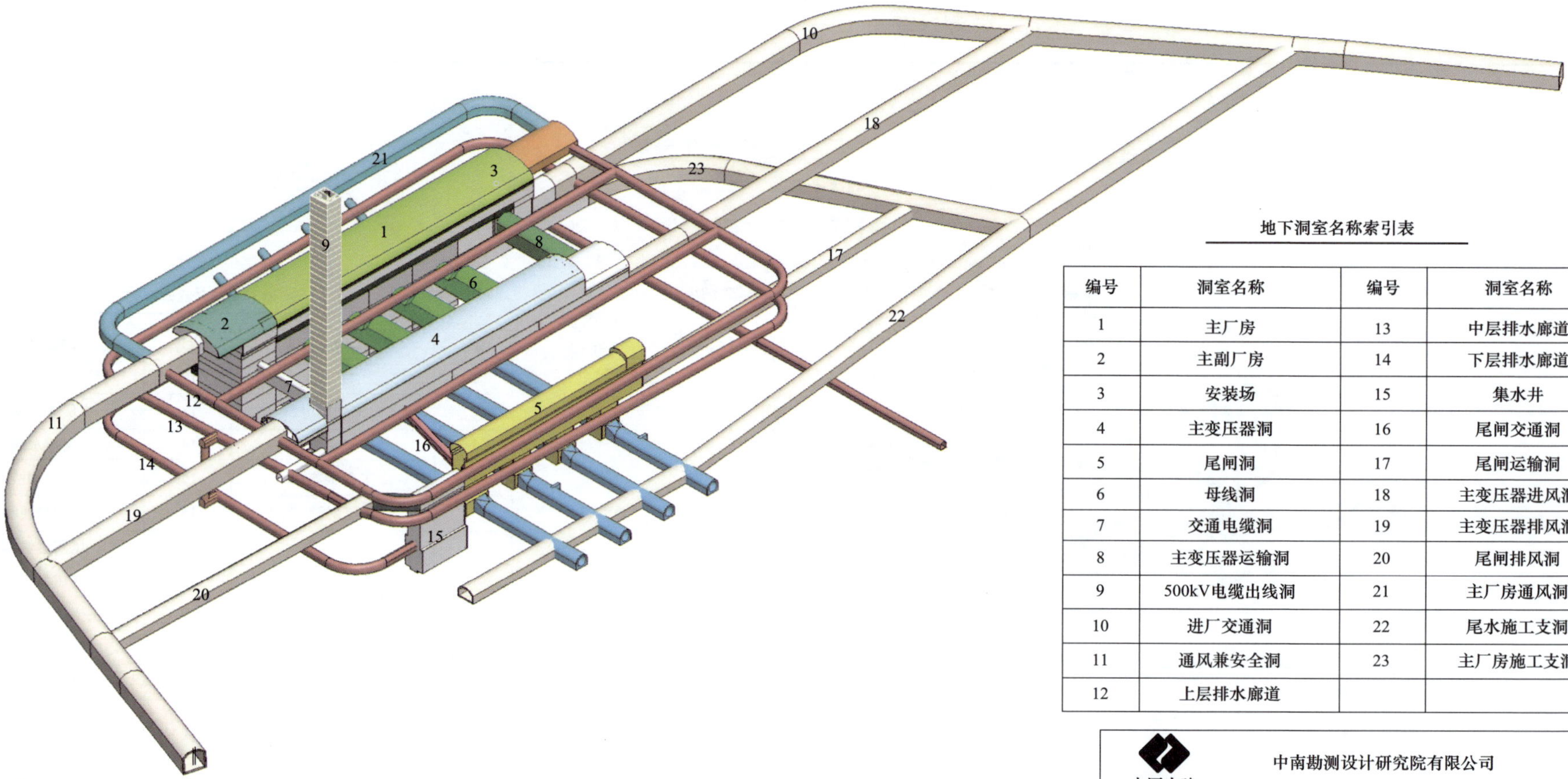

地下洞室名称索引表

编号	洞室名称	编号	洞室名称
1	主厂房	13	中层排水廊道
2	主副厂房	14	下层排水廊道
3	安装场	15	集水井
4	主变压器洞	16	尾闸交通洞
5	尾闸洞	17	尾闸运输洞
6	母线洞	18	主变压器进风洞
7	交通电缆洞	19	主变压器排风洞
8	主变压器运输洞	20	尾闸排风洞
9	500kV电缆出线洞	21	主厂房通风洞
10	进厂交通洞	22	尾水施工支洞
11	通风兼安全洞	23	主厂房施工支洞
12	上层排水廊道		

中国电建　中南勘测设计研究院有限公司

核准			抽水蓄能电站	工程	技施设计
核定					通风部分
审查			地下洞室群布置图（北方方案）		
校核					
设计					
制图					
发证单位	住房和城乡建设部	比例	见图	日期	20171223
设计证号	A143000032	图号	附图2		

附图 2　地下洞室群布置图（北方方案）

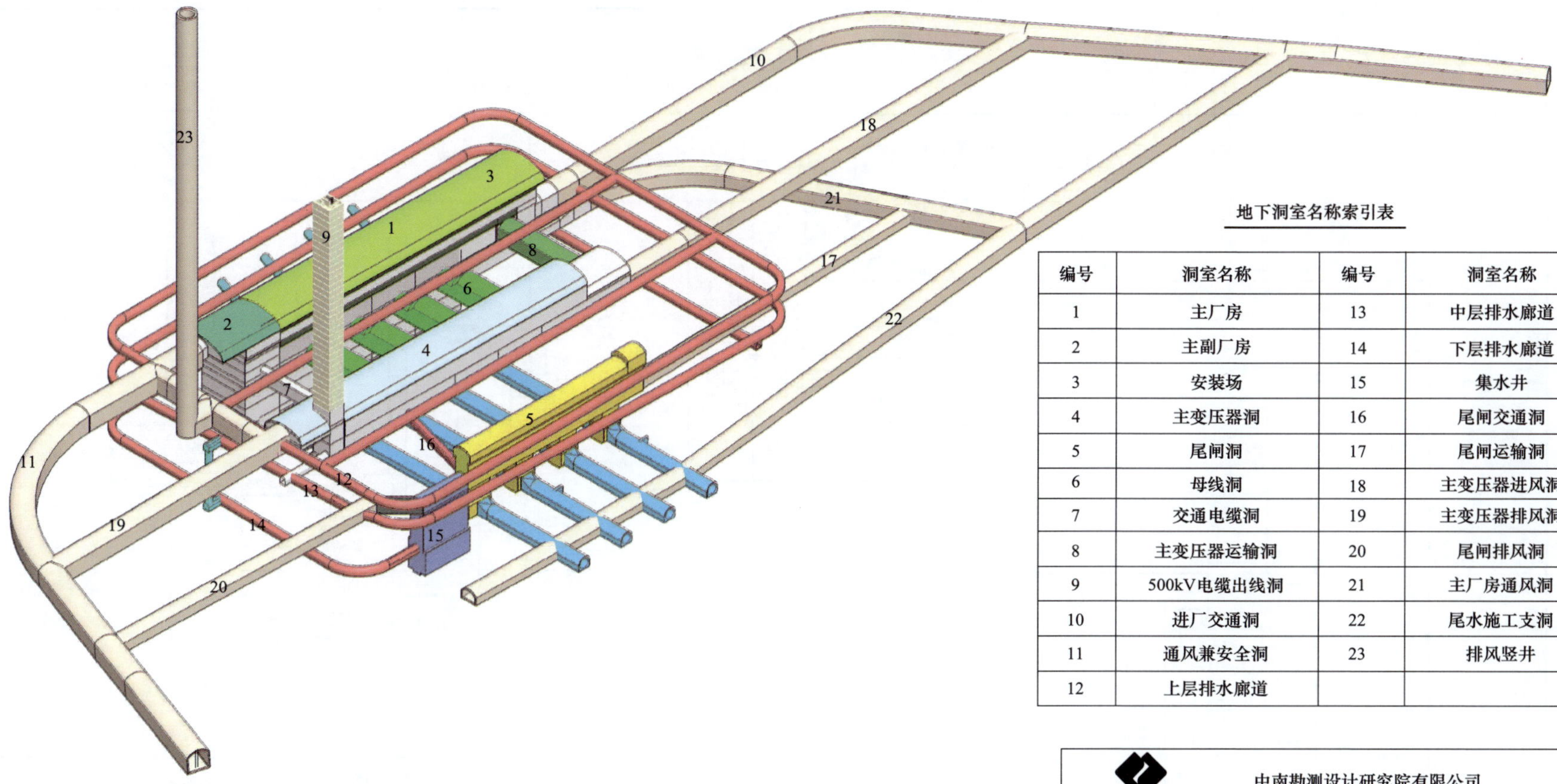

地下洞室名称索引表

编号	洞室名称	编号	洞室名称
1	主厂房	13	中层排水廊道
2	主副厂房	14	下层排水廊道
3	安装场	15	集水井
4	主变压器洞	16	尾闸交通洞
5	尾闸洞	17	尾闸运输洞
6	母线洞	18	主变压器进风洞
7	交通电缆洞	19	主变压器排风洞
8	主变压器运输洞	20	尾闸排风洞
9	500kV电缆出线洞	21	主厂房通风洞
10	进厂交通洞	22	尾水施工支洞
11	通风兼安全洞	23	排风竖井
12	上层排水廊道		

中国电建	中南勘测设计研究院有限公司				
核准			抽水蓄能电站　工程		技施设计
核定					通风部分
审查			地下洞室群布置图 (设排风竖井方案)		
校核					
设计					
制图					
发证单位	住房和城乡建设部	比例	见图	日期	20171223
设计证号	A143000032	图号	附图3		

附图 3　地下洞室群布置图（设排风竖井方案）

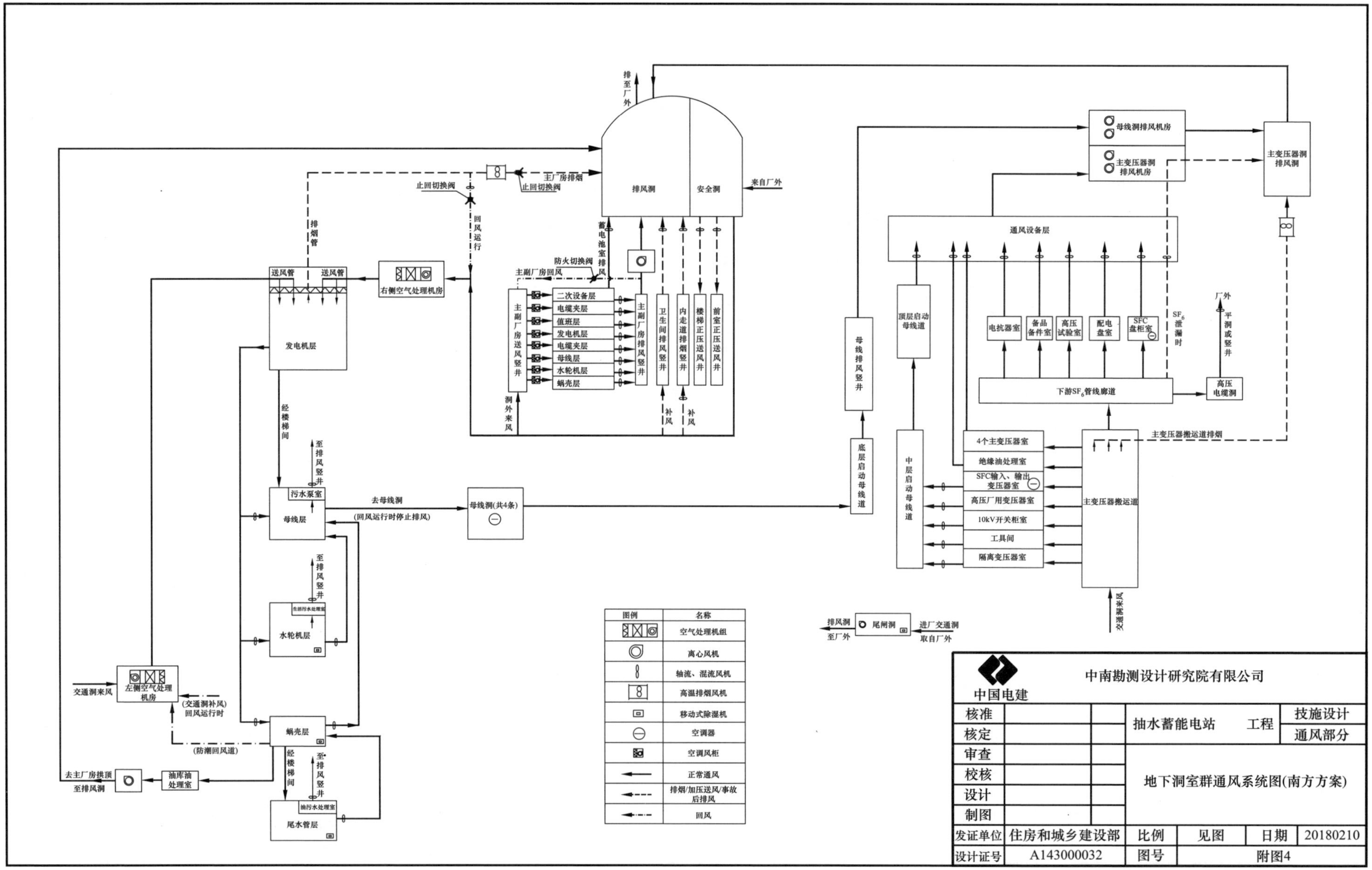

附图 4　地下洞室群通风系统图（南方方案）

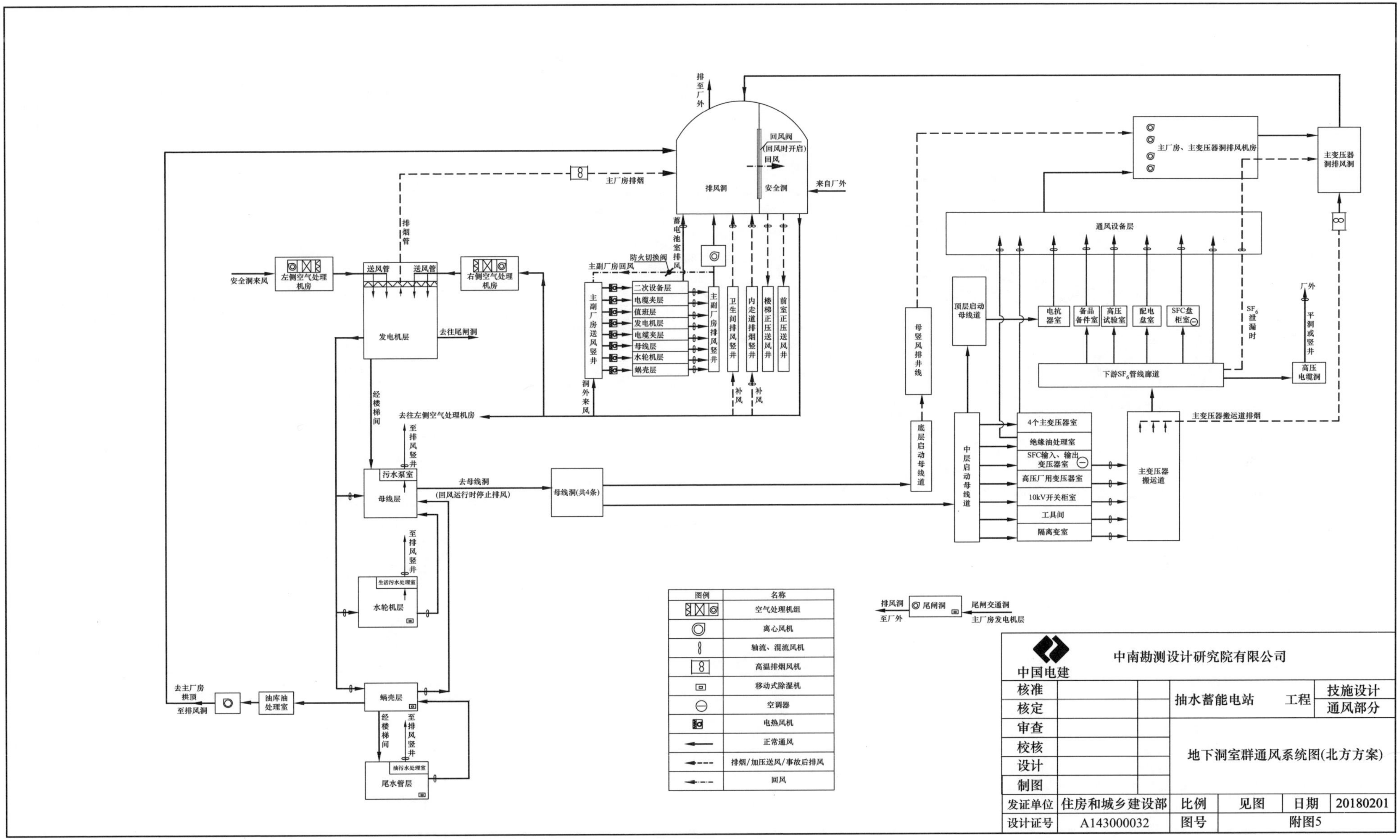

附图 5　地下洞室群通风系统图（北方方案）

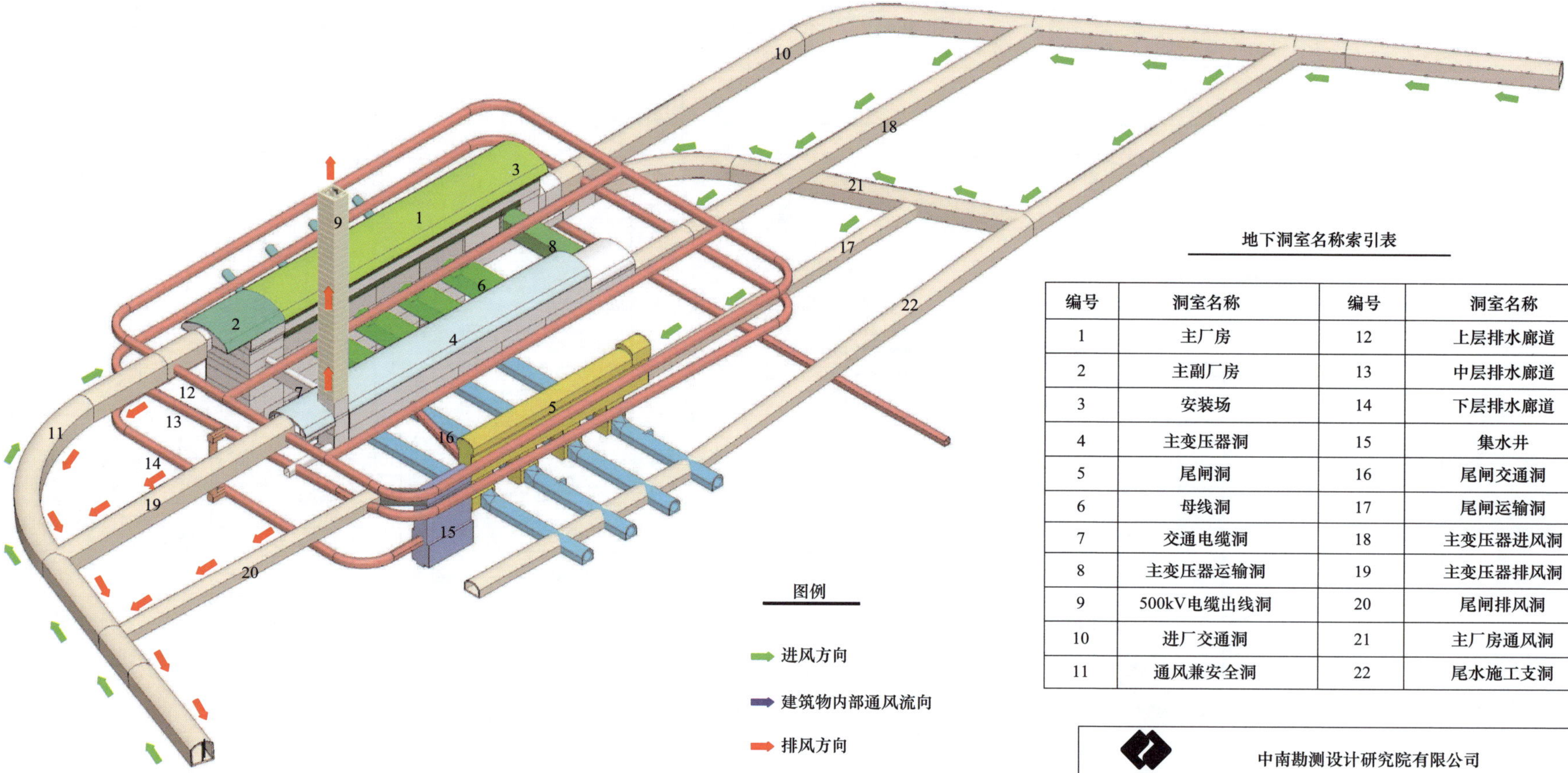

图例

进风方向

建筑物内部通风流向

排风方向

地下洞室名称索引表

编号	洞室名称	编号	洞室名称
1	主厂房	12	上层排水廊道
2	主副厂房	13	中层排水廊道
3	安装场	14	下层排水廊道
4	主变压器洞	15	集水井
5	尾闸洞	16	尾闸交通洞
6	母线洞	17	尾闸运输洞
7	交通电缆洞	18	主变压器进风洞
8	主变压器运输洞	19	主变压器排风洞
9	500kV电缆出线洞	20	尾闸排风洞
10	进厂交通洞	21	主厂房通风洞
11	通风兼安全洞	22	尾水施工支洞

中国电建　中南勘测设计研究院有限公司

核准			抽水蓄能电站	工程	技施设计	
核定					通风部分	
审查			地下洞室群气流组织图（南方方案）			
校核						
设计						
制图						
发证单位	住房和城乡建设部		比例	见图	日期	20171223
设计证号	A143000032		图号	附图6		

附图 6　地下洞室群气流组织图（南方方案）

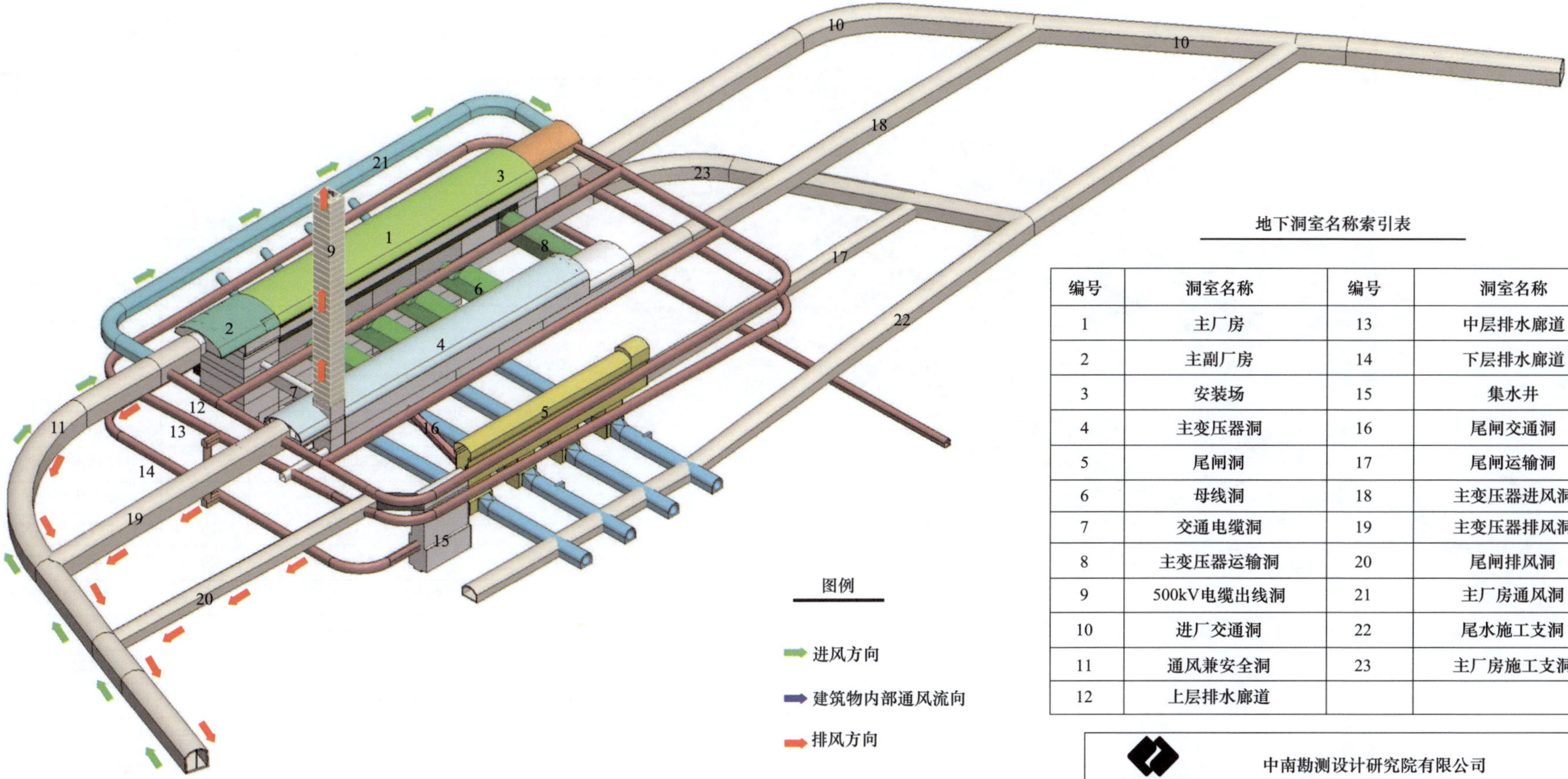

地下洞室名称索引表

编号	洞室名称	编号	洞室名称
1	主厂房	13	中层排水廊道
2	主副厂房	14	下层排水廊道
3	安装场	15	集水井
4	主变压器洞	16	尾闸交通洞
5	尾闸洞	17	尾闸运输洞
6	母线洞	18	主变压器进风洞
7	交通电缆洞	19	主变压器排风洞
8	主变压器运输洞	20	尾闸排风洞
9	500kV电缆出线洞	21	主厂房通风洞
10	进厂交通洞	22	尾水施工支洞
11	通风兼安全洞	23	主厂房施工支洞
12	上层排水廊道		

中国电建	中南勘测设计研究院有限公司				
核准		抽水蓄能电站	工程	技施设计	
核定				通风部分	
审查		地下洞室群气流组织图（北方方案）			
校核					
设计					
制图					
发证单位	住房和城乡建设部	比例	见图	日期	20171223
设计证号	A143000032	图号	附图7		

附图 7　地下洞室群气流组织图（北方方案）

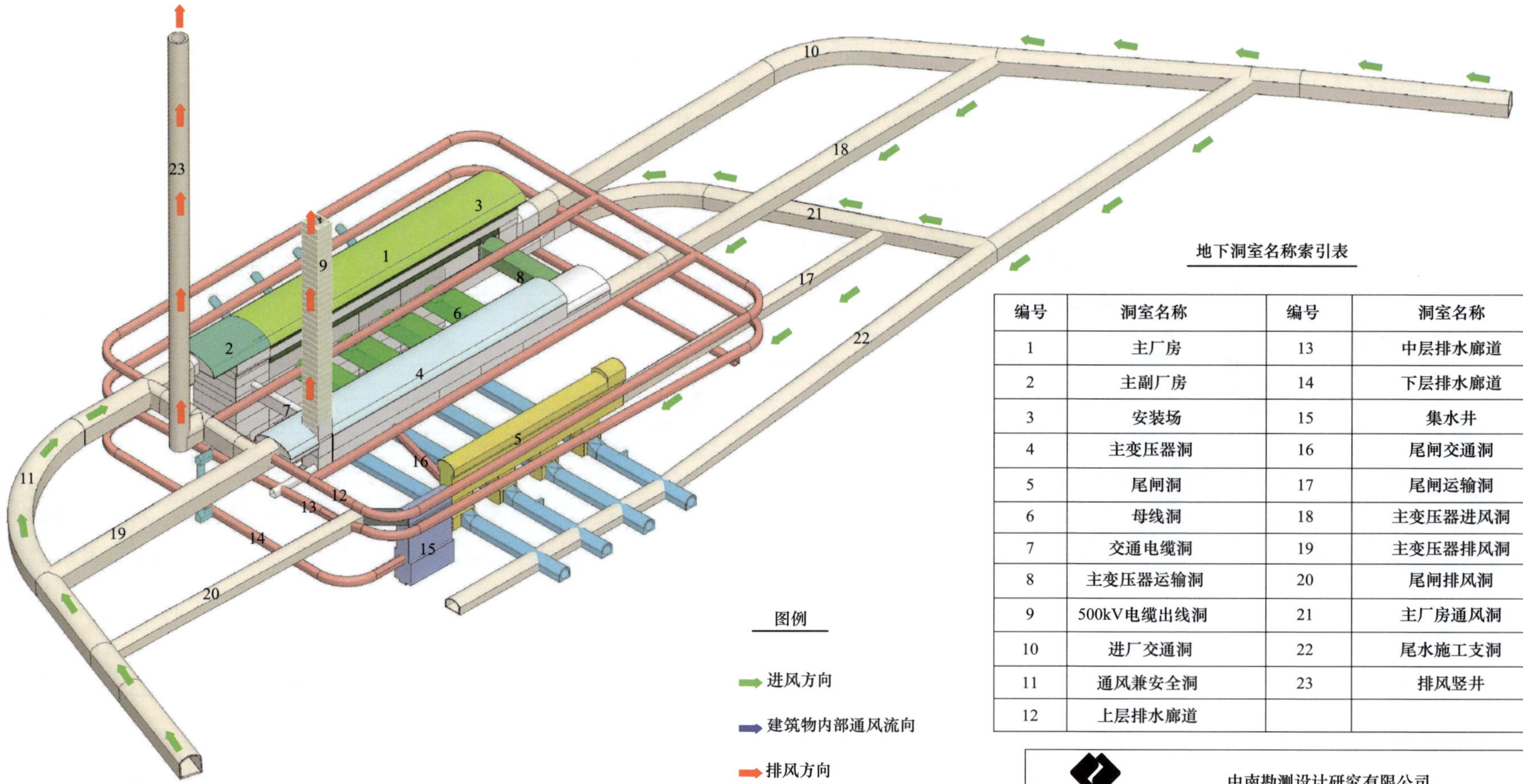

地下洞室名称索引表

编号	洞室名称	编号	洞室名称
1	主厂房	13	中层排水廊道
2	主副厂房	14	下层排水廊道
3	安装场	15	集水井
4	主变压器洞	16	尾闸交通洞
5	尾闸洞	17	尾闸运输洞
6	母线洞	18	主变压器进风洞
7	交通电缆洞	19	主变压器排风洞
8	主变压器运输洞	20	尾闸排风洞
9	500kV电缆出线洞	21	主厂房通风洞
10	进厂交通洞	22	尾水施工支洞
11	通风兼安全洞	23	排风竖井
12	上层排水廊道		

图例

进风方向

建筑物内部通风流向

排风方向

中国电建	中南勘测设计研究有限公司			
核准		抽水蓄能电站 工程		技施设计 通风部分
核定				
审查		地下洞室群气流组织图 (设排风竖井方案)		
校核				
设计				
制图				
发证单位	住房和城乡建设部	比例	见图	日期 20171223
设计证号	A143000032	图号	附图8	

附图8　地下洞室群气流组织图（设排风竖井方案）

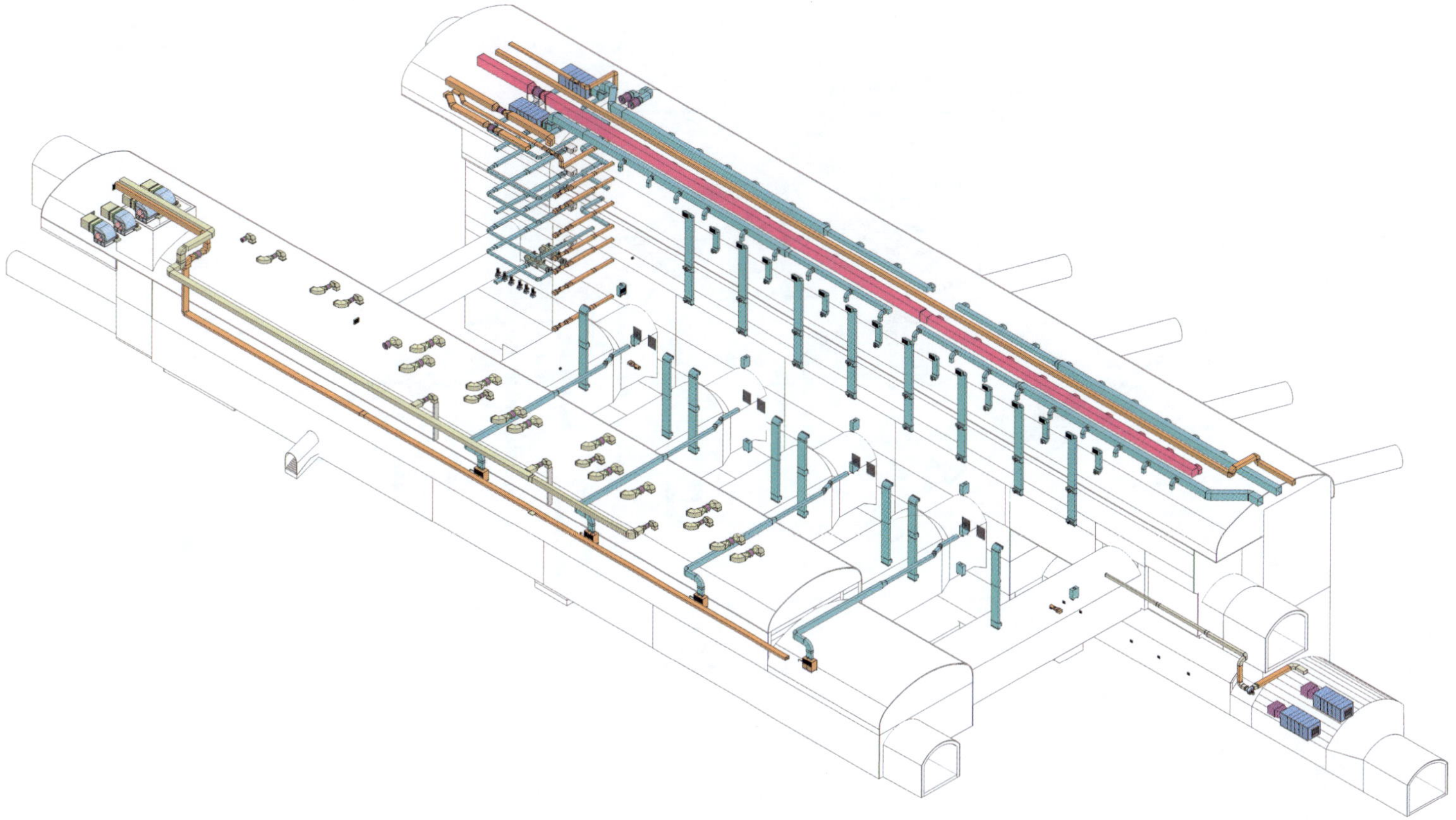

中国电建	中南勘测设计研究院有限公司				
核准			抽水蓄能电站	工程	技施设计
核定					通风部分
审查			地下洞室群通风设备总布置图(南方方案)		
校核					
设计					
制图					
发证单位	住房和城乡建设部	比例	见图	日期	20180210
设计证号	A143000032	图号	附图9		

附图 9　地下洞室群通风设备总布置图（南方方案）

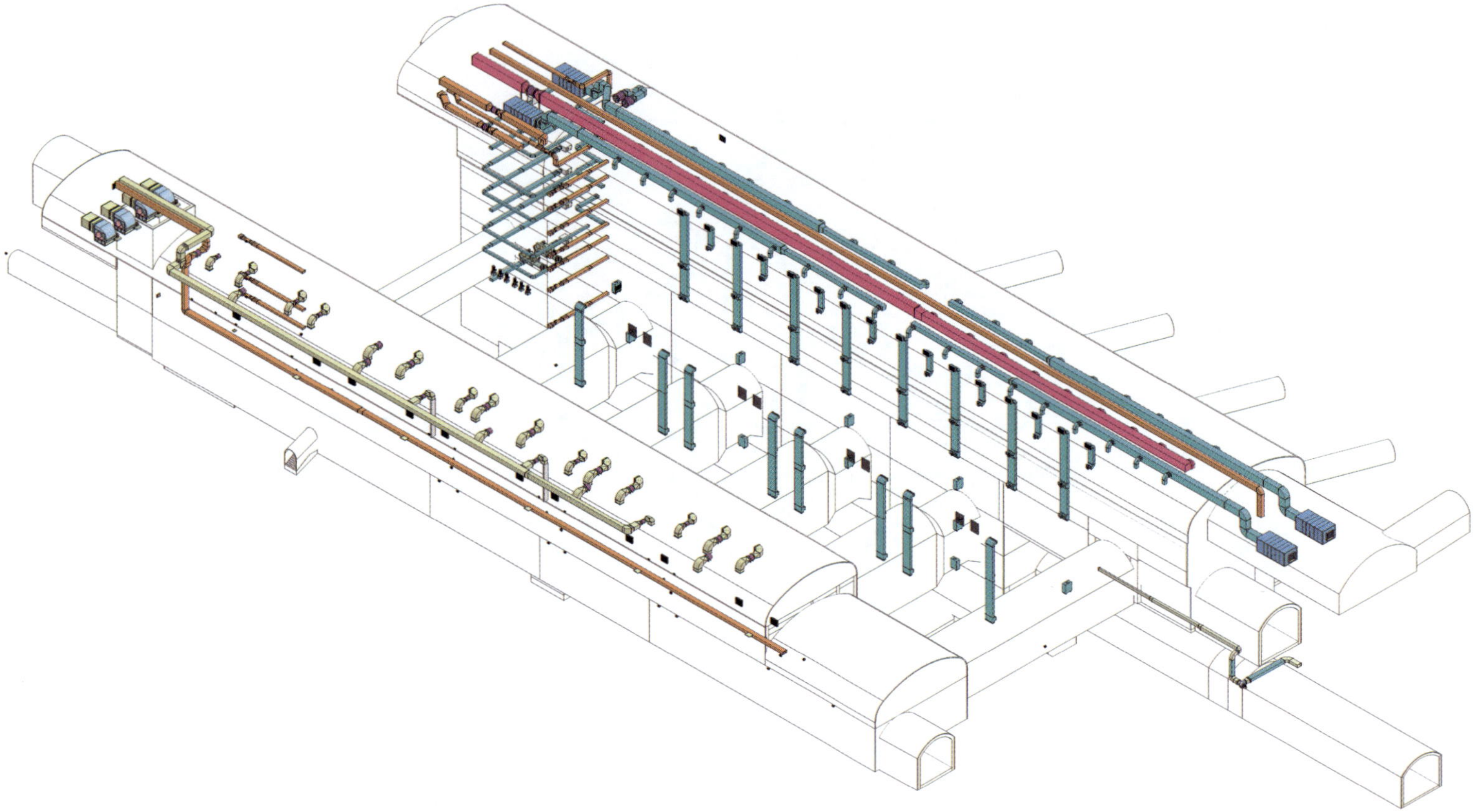

中国电建	中南勘测设计研究院有限公司					
核准			抽水蓄能电站	工程	技施设计	
核定					通风部分	
审查			地下洞室群通风设备总布置图(北方方案)			
校核						
设计						
制图						
发证单位	住房和城乡建设部		比例	见图	日期	20180210
设计证号	A143000032		图号	附图10		

附图 10　地下洞室群通风设备总布置图（北方方案）

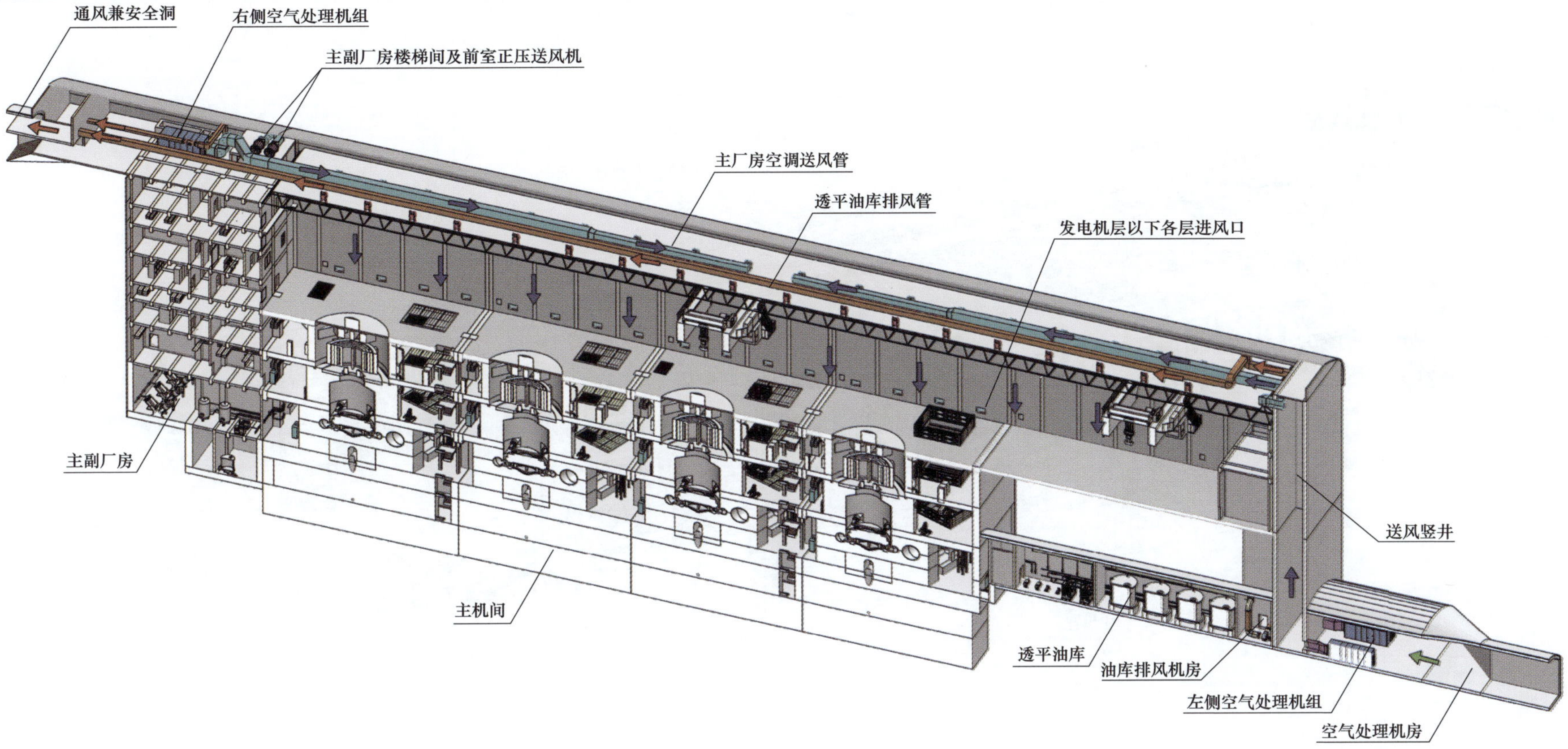

中国电建	中南勘测设计研究院有限公司				
核准			抽水蓄能电站	工程	技施设计
核定					通风部分
审查			主厂房		
校核			通风设备布置纵剖面图(南方方案)		
设计					
制图					
发证单位	住房和城乡建设部	比例	见图	日期	20180210
设计证号	A143000032	图号	附图11		

附图 11　主厂房通风设备布置纵剖视图（南方方案）

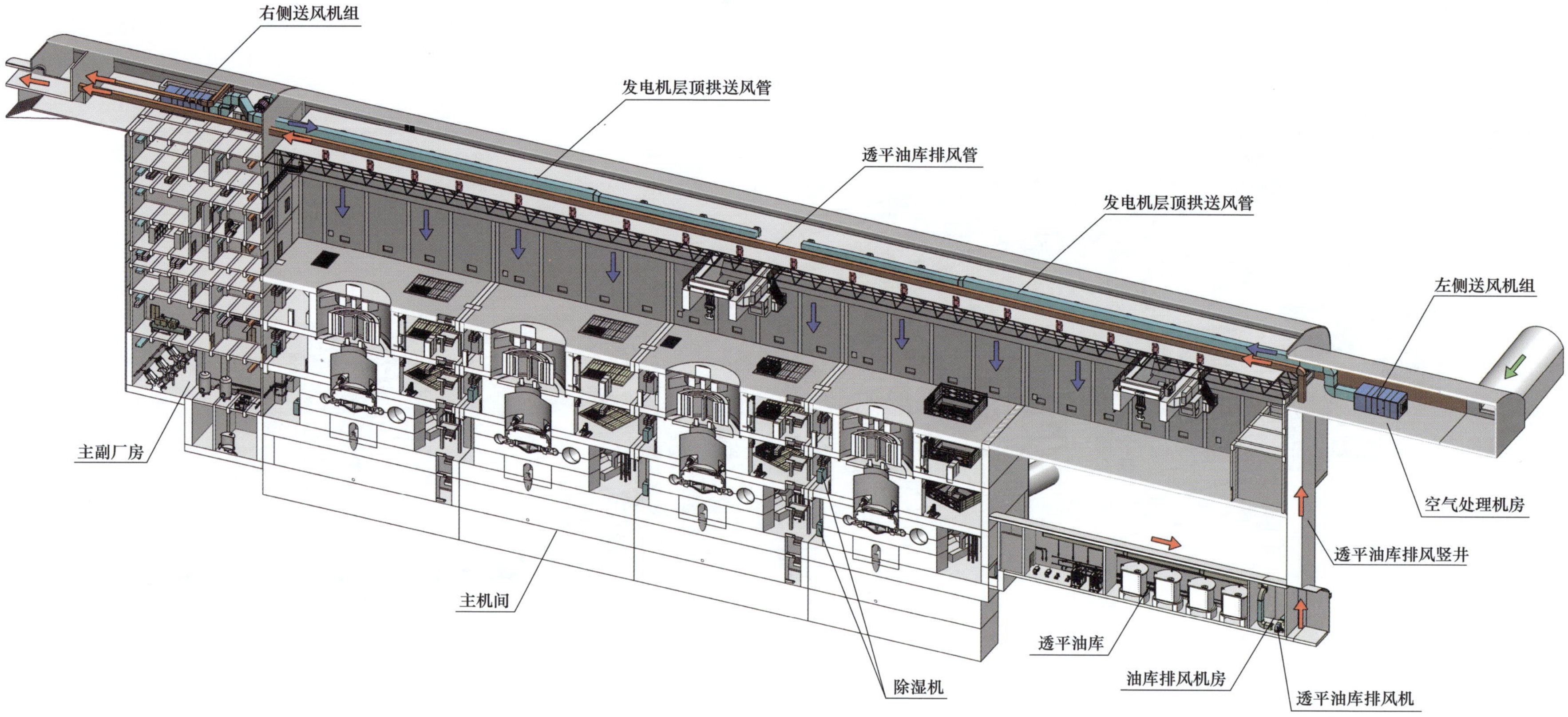

中国电建	中南勘测设计研究有限公司				
核准			抽水蓄能电站	工程	技施设计
核定					通风部分
审查			主厂房		
校核			通风设备布置纵剖视图(北方方案)		
设计					
制图					
发证单位	住房和城乡建设部	比例	见图	日期	20180210
设计证号	A143000032	图号	附图12		

附图 12　主厂房通风设备布置纵剖视图（北方方案）

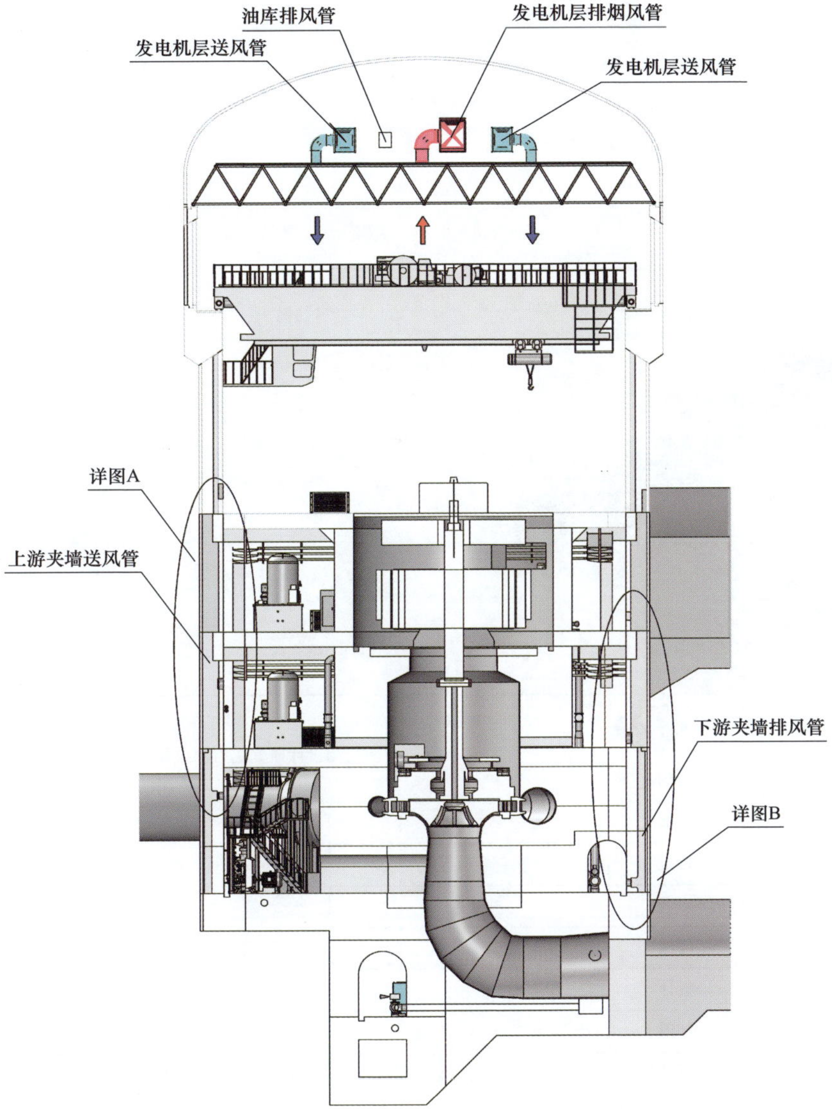

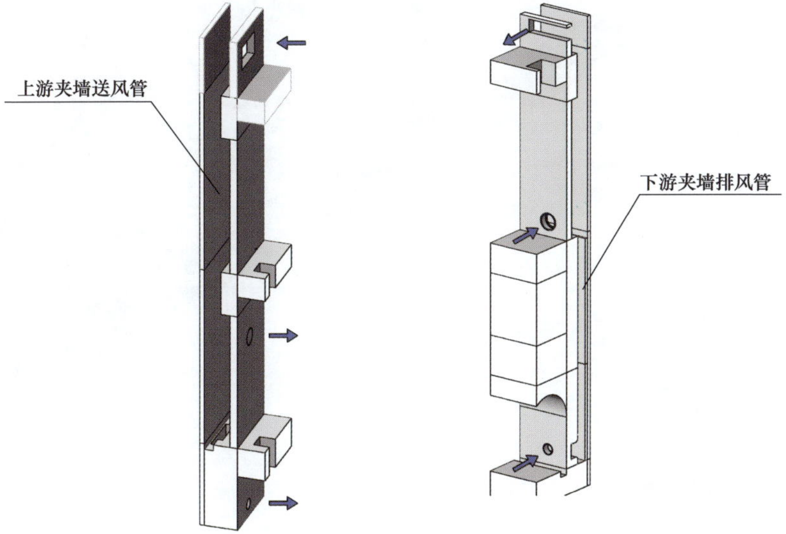

中国电建	中南勘测设计研究院有限公司				
核准			抽水蓄能电站 工程		技施设计
核定					通风部分
审查			主厂房		
校核					
设计			通风设备布置横剖面图		
制图					
发证单位	住房和城乡建设部	比例	见图	日期	20180210
设计证号	A143000032	图号	附图13		

附图 13　主厂房通风设备布置横剖面图

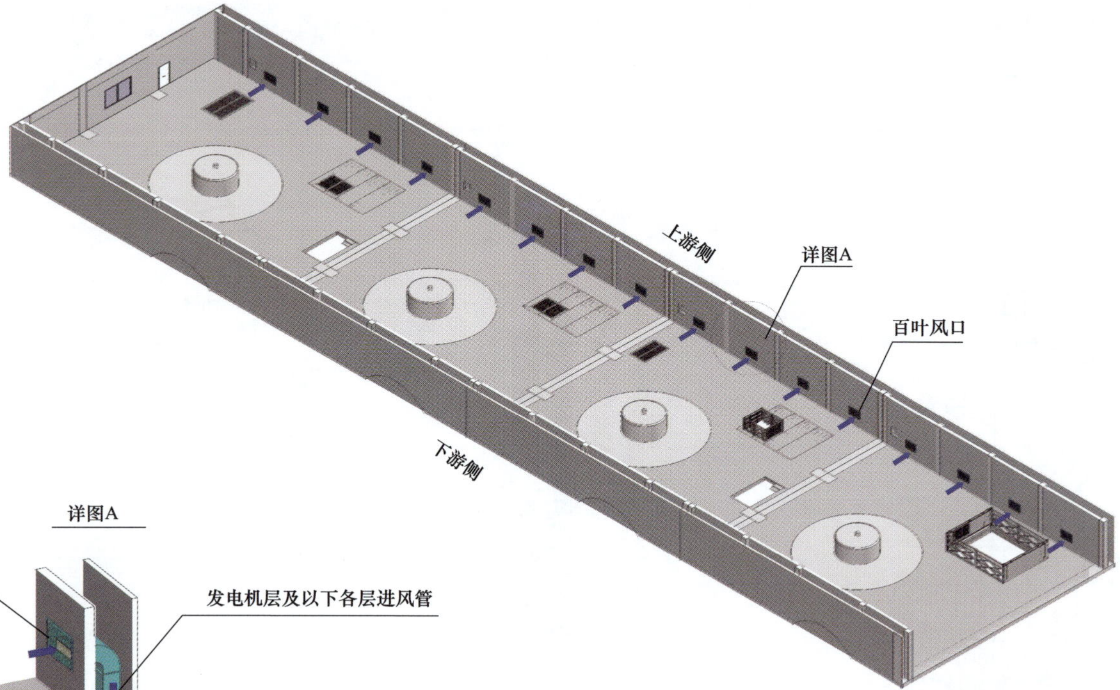

详图A

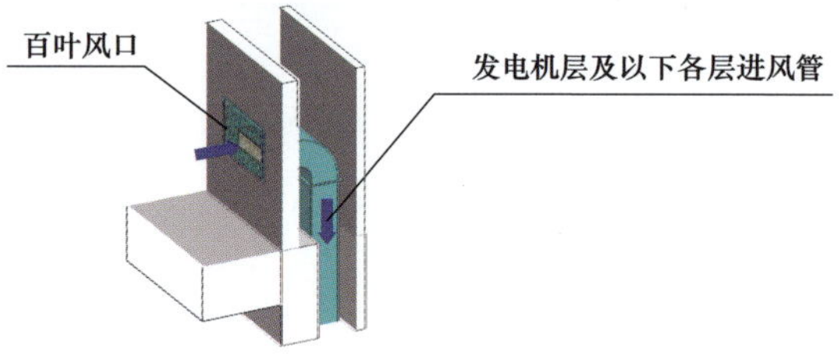

中国电建	中南勘测设计研究院有限公司					
核准			抽水蓄能电站 工程		技施设计	
核定					通风部分	
审查			主厂房 发电机层通风设备布置图			
校核						
设计						
制图						
发证单位	住房和城乡建设部		比例	见图	日期	20180210
设计证号	A143000032		图号	附图14		

附图 14　主厂房发电机层通风设备布置图

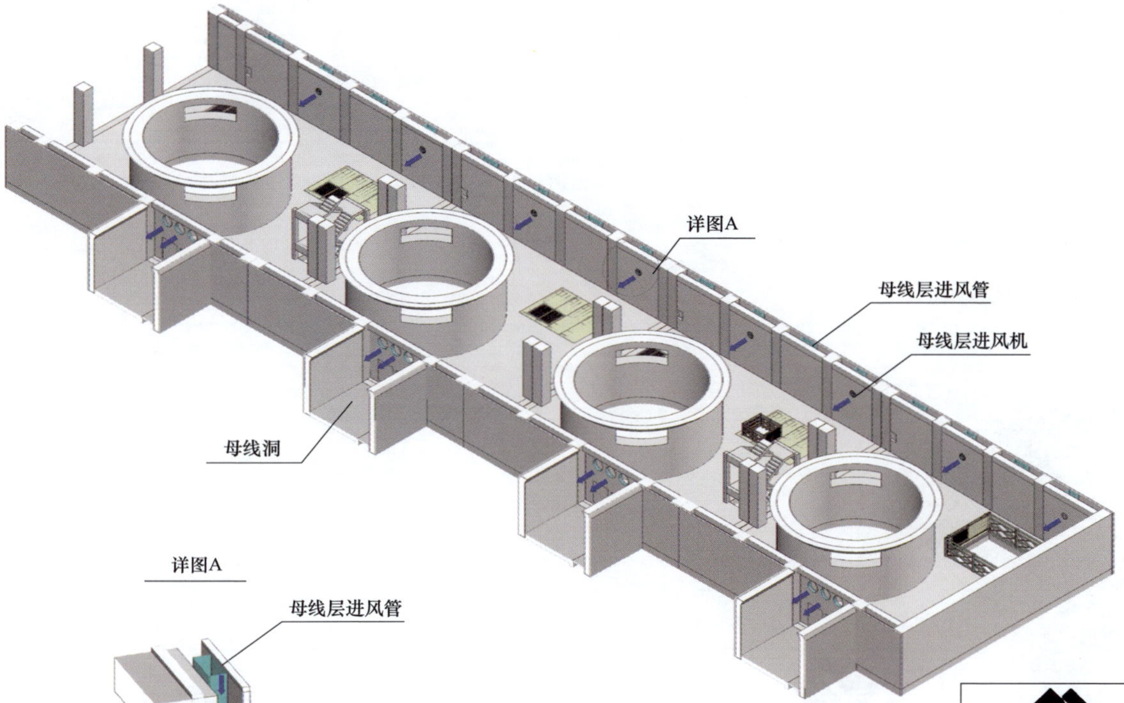

详图A

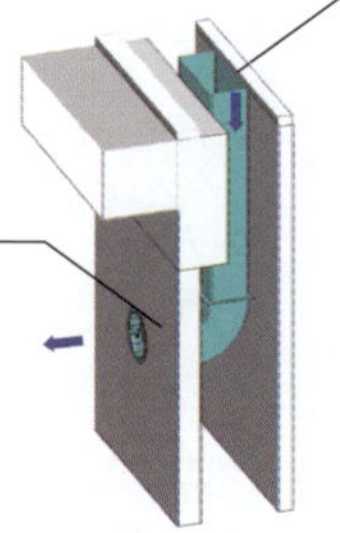

中国电建	中南勘测设计研究院有限公司					
核准			抽水蓄能电站	工程		技施设计
核定						通风部分
审查			主厂房 母线层通风设备布置图			
校核						
设计						
制图						
发证单位	住房和城乡建设部		比例	见图	日期	20180210
设计证号	A143000032		图号	附图15		

附图 15　主厂房母线层通风设备布置图

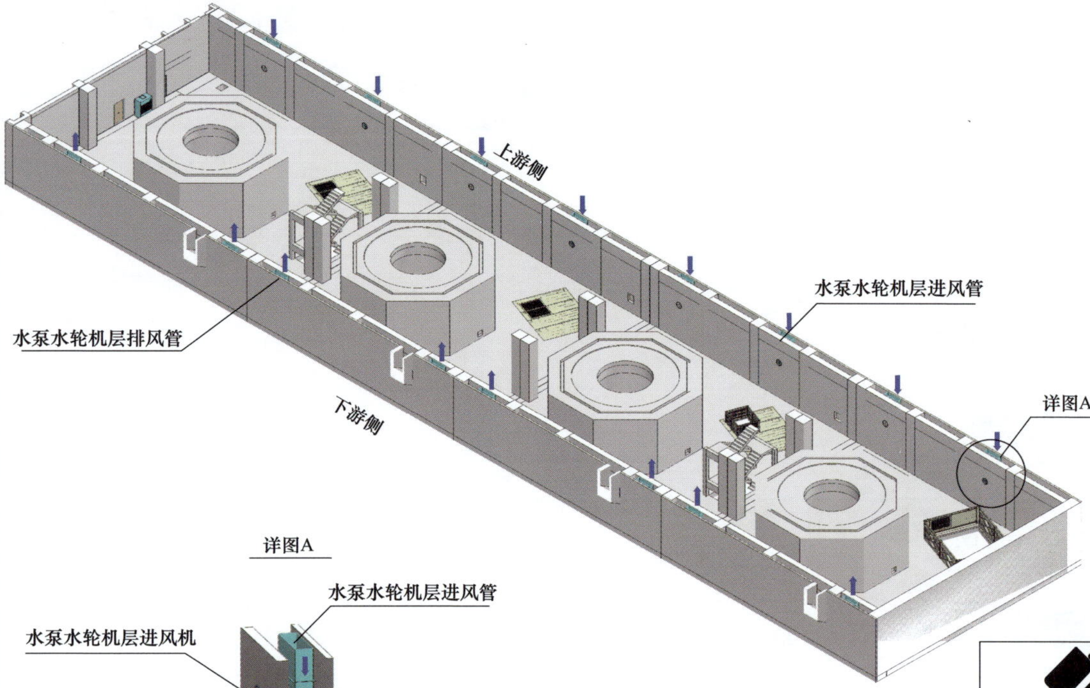

详图A

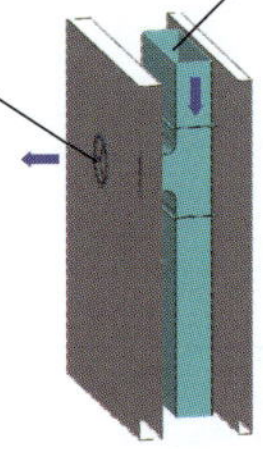

中南勘测设计研究院有限公司

中国电建

核准			抽水蓄能电站		工程	技施设计
核定						通风部分
审查			主厂房 水泵水轮机层通风设备布置图(北方方案)			
校核						
设计						
制图						
发证单位	住房和城乡建设部		比例	见图	日期	20180210
设计证号	A143000032		图号	附图16		

附图 16　主厂房水泵水轮机层通风设备布置图（北方方案）

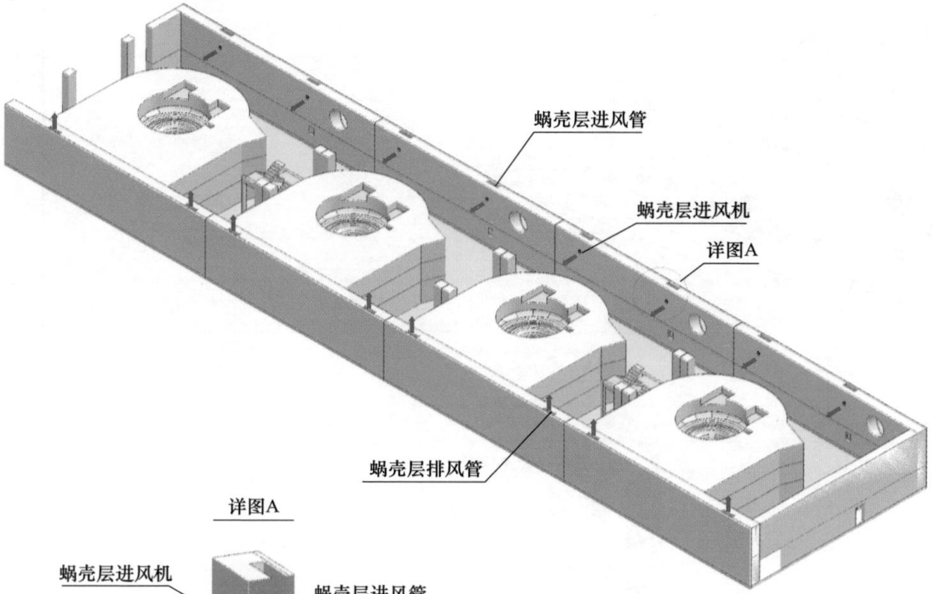

详图A

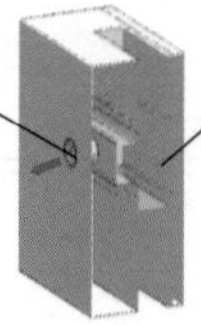

中国电建	中南勘测设计研究院有限公司				
核准			抽水蓄能电站 工程		技施设计
核定					通风部分
审查			主厂房 蜗壳层通风设备布置图		
校核					
设计					
制图					
发证单位	住房和城乡建设部	比例	见图	日期	20180210
设计证号	A143000032	图号	附图17		

附图 17　主厂房蜗壳层通风设备布置图

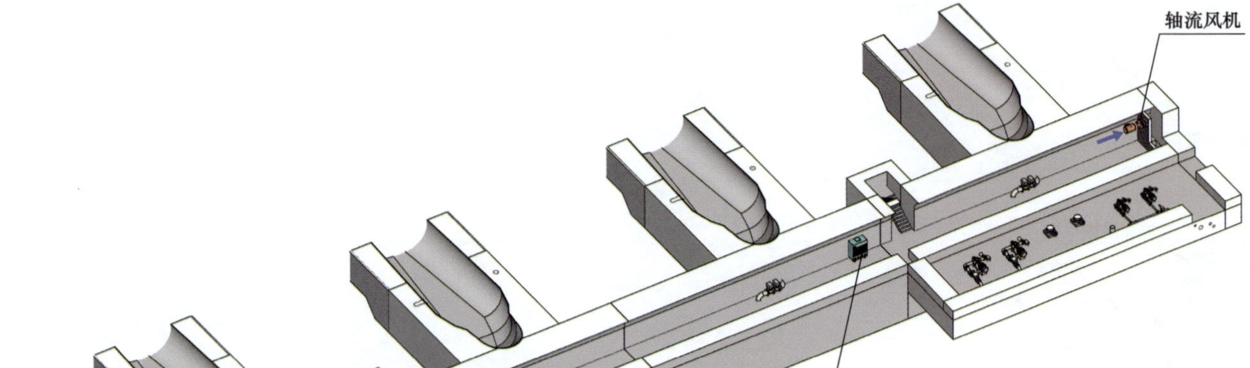

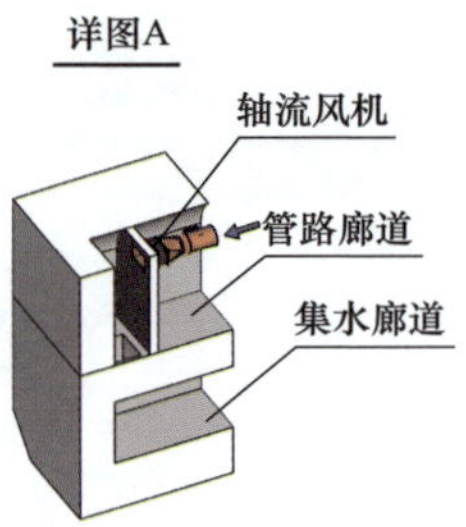

中国电建	中南勘测设计研究院有限公司				
核准			抽水蓄能电站 工程		技施设计
核定					通风部分
审查			主厂房 尾水管操作廊道层通风设备布置图		
校核					
设计					
制图					
发证单位	住房和城乡建设部	比例	见图	日期	20180210
设计证号	A143000032	图号	附图18		

附图 18　主厂房尾水管操作廊道层通风设备布置图

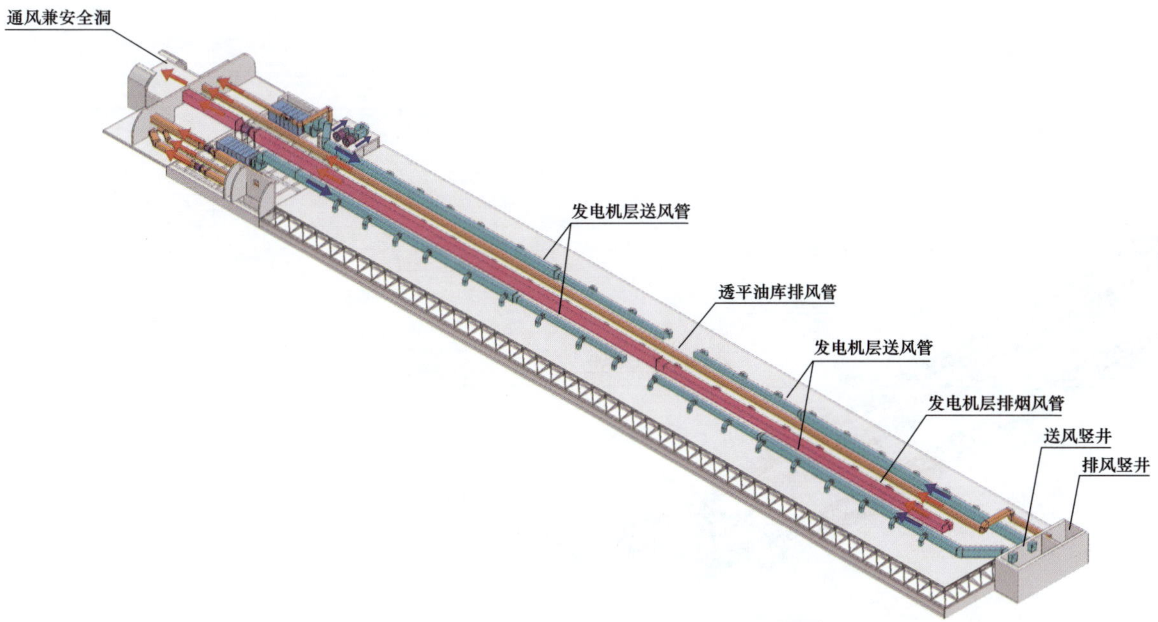

中国电建	中南勘测设计研究院有限公司				
核准			抽水蓄能电站	工程	技施设计
核定					通风部分
审查			主厂房 屋顶网架层通风设备布置图(南方方案)		
校核					
设计					
制图					
发证单位	住房和城乡建设部	比例	见图	日期	20180210
设计证号	A143000032	图号	附图19		

附图 19　主厂房屋顶网架层通风设备布置图（南方方案）

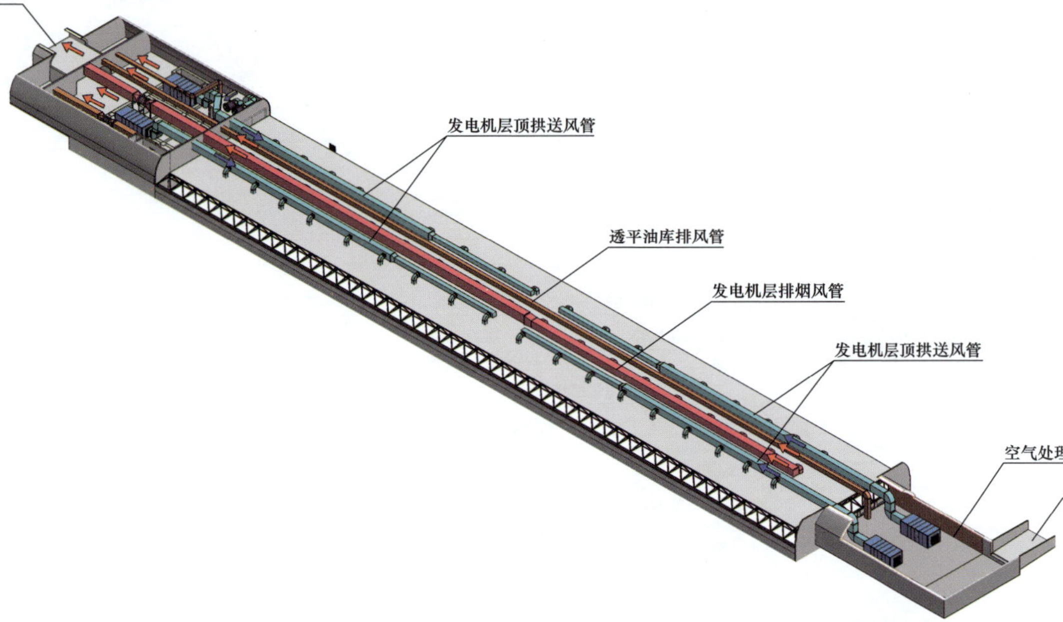

中国电建	中南勘测设计研究院有限公司				
核准			抽水蓄能电站	工程	技施设计
核定					通风部分
审查			主厂房 屋顶网架层通风设备布置图(北方方案)		
校核					
设计					
制图					
发证单位	住房和城乡建设部	比例	见图	日期	20180210
设计证号	A143000032	图号	附图20		

附图 20　主厂房屋顶网架层通风设备布置图（北方方案）

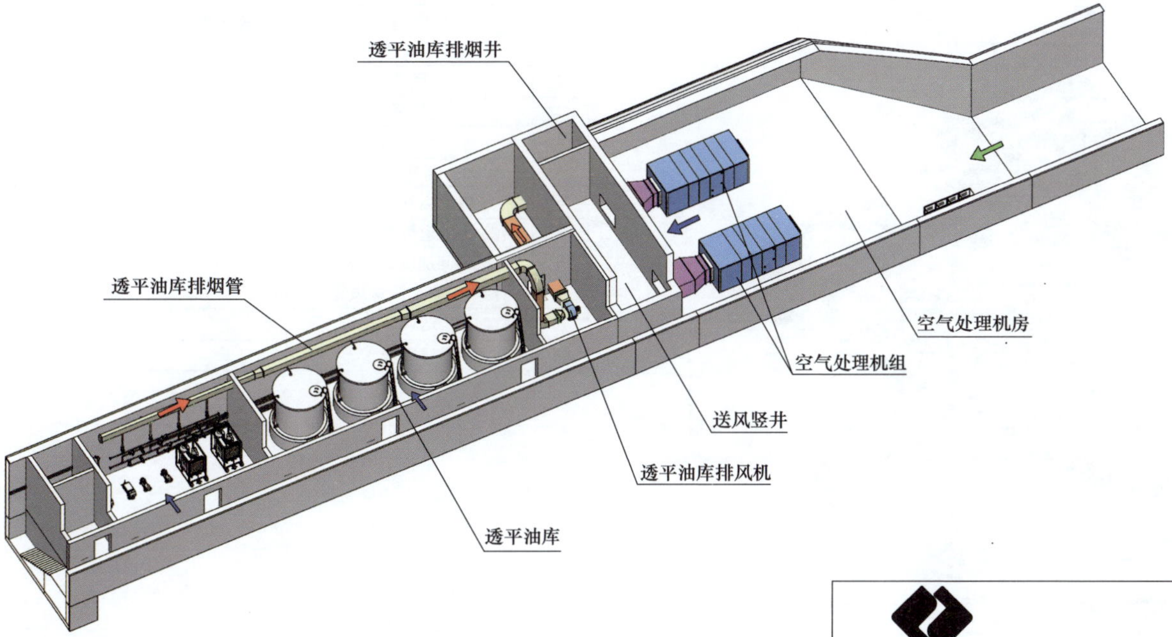

中国电建	中南勘测设计研究院有限公司				
核准			抽水蓄能电站 工程		技施设计
核定					通风部分
审查			透平油库通风设备布置图		
校核					
设计					
制图					
发证单位	住房和城乡建设部	比例	见图	日期	20180210
设计证号	A143000032	图号	附图21		

附图 21　透平油库通风设备布置图

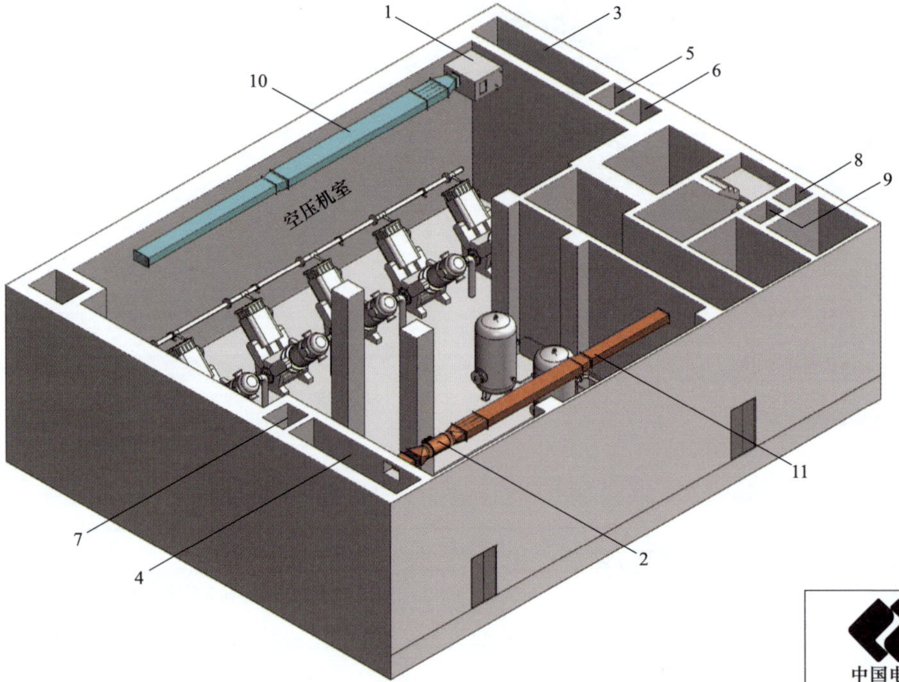

设备管路名称表

序号	名称	备注
1	空调	南方方案
	热风机	北方方案
2	风机	
3	送风竖井	
4	排风竖井	
5	管道井	
6	内走道补风竖井	
7	内走道排烟竖井	
8	楼梯间加压送风竖井	
9	合用前室加压送风竖井	
10	送风管	
11	排风管	

中国电建	中南勘测设计研究院有限公司					
核准			抽水蓄能电站 工程			技施设计
核定						通风部分
审查			主副厂房 空气压缩机层通风设备布置图			
校核						
设计						
制图						
发证单位	住房和城乡建设部		比例	见图	日期	20171223
设计证号	A143000032		图号	附图22		

附图 22 主副厂房空气压缩机层通风设备布置图

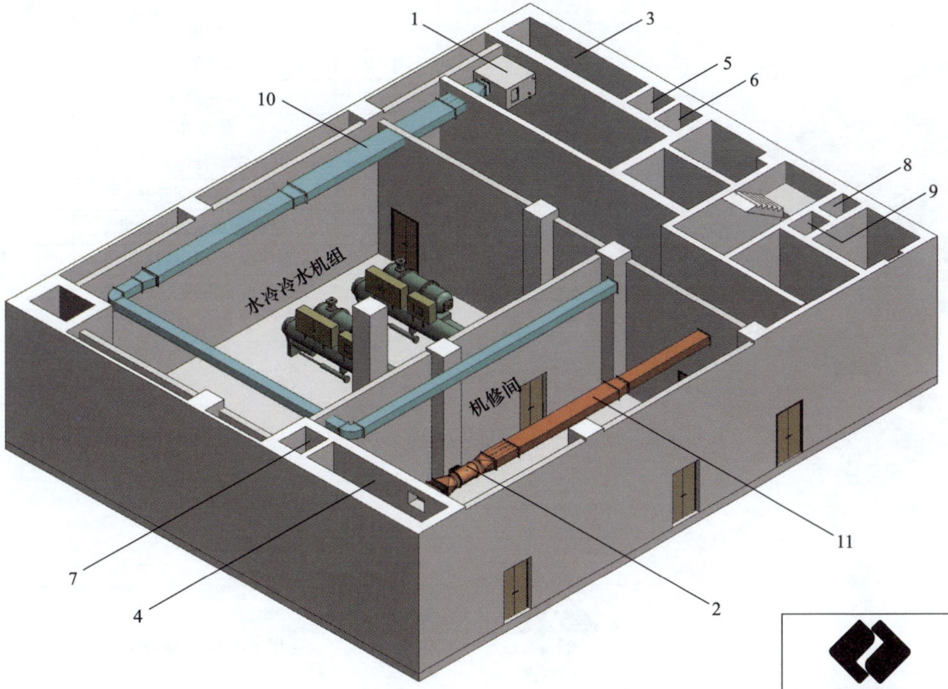

设备管路名称表

序号	名称	备注
1	空调	南方方案
	热风机	北方方案
2	风机	
3	送风竖井	
4	排风竖井	
5	管道井	
6	内走道补风竖井	
7	内走道排烟竖井	
8	楼梯间加压送风竖井	
9	合用前室加压送风竖井	
10	送风管	
11	排风管	

中国电建　中南勘测设计研究院有限公司

核准		抽水蓄能电站　工程		技施设计
核定				通风部分
审查		主副厂房 空调机层通风设备布置图		
校核				
设计				
制图				
发证单位	住房和城乡建设部	比例	见图	日期 20171223
设计证号	A143000032	图号	附图23	

附图 23　主副厂房空调机层通风设备布置图

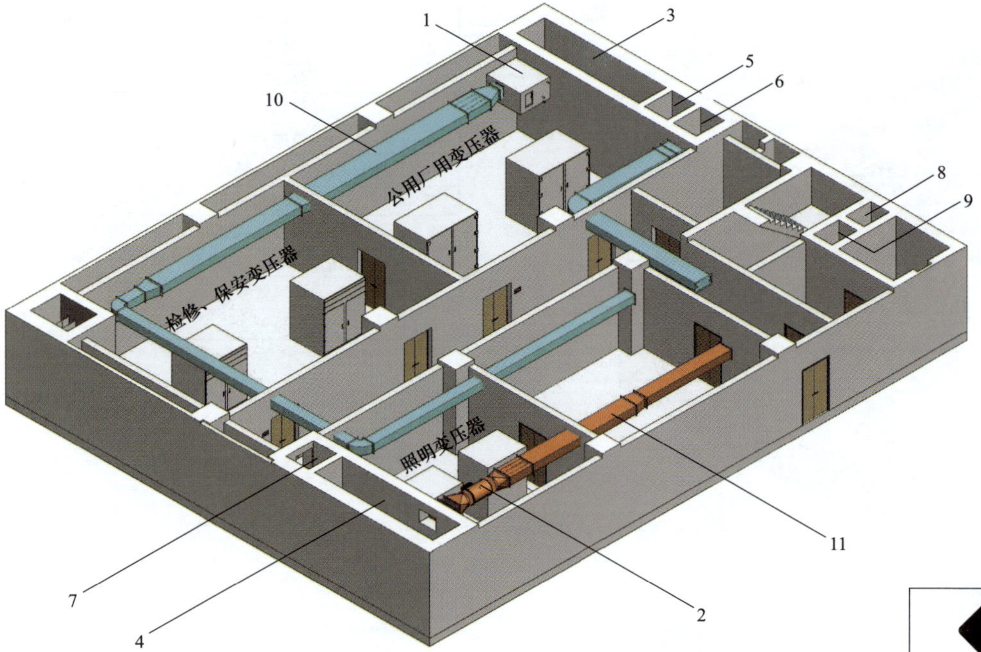

设备管路名称表

序号	名称	备注
1	空调	南方方案
	热风机	北方方案
2	风机	
3	送风竖井	
4	排风竖井	
5	管道井	
6	内走道补风竖井	
7	内走道排烟竖井	
8	楼梯间加压送风竖井	
9	合用前室加压送风竖井	
10	送风管	
11	排风管	

中国电建	中南勘测设计研究院有限公司				
核准			抽水蓄能电站 工程	技施设计	
核定				通风部分	
审查			主副厂房 厂用变压器层通风设备布置图		
校核					
设计					
制图					
发证单位	住房和城乡建设部	比例	见图	日期	20171223
设计证号	A143000032	图号	附图24		

附图 24　主副厂房厂用变压器层通风设备布置图

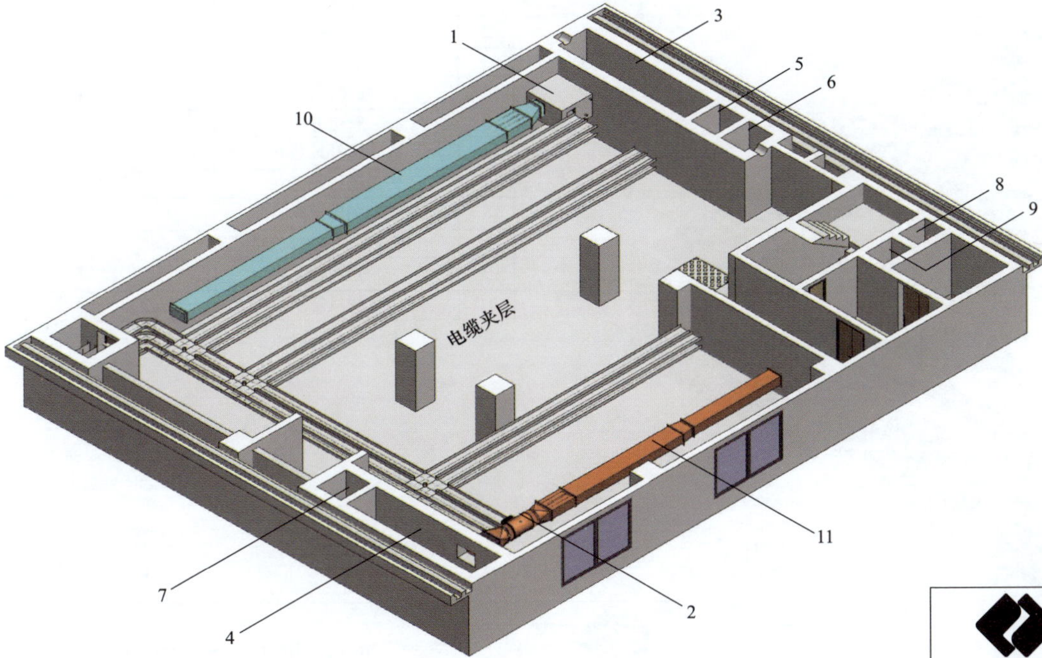

设备管路名称表

序号	名称	备注
1	空调	南方方案
	热风机	北方方案
2	风机	
3	送风竖井	
4	排风竖井	
5	管道井	
6	内走道补风竖井	
7	内走道排烟竖井	
8	楼梯间加压送风竖井	
9	合用前室加压送风竖井	
10	送风管	
11	排风管	

中国电建	中南勘测设计研究院有限公司				
核准			抽水蓄能电站 工程		技施设计
核定					通风部分
审查			主副厂房 电缆夹层通风设备布置图		
校核					
设计					
制图					
发证单位	住房和城乡建设部	比例	见图	日期	20171223
设计证号	A143000032	图号	附图25		

附图 25　主副厂房电缆夹层通风设备布置图

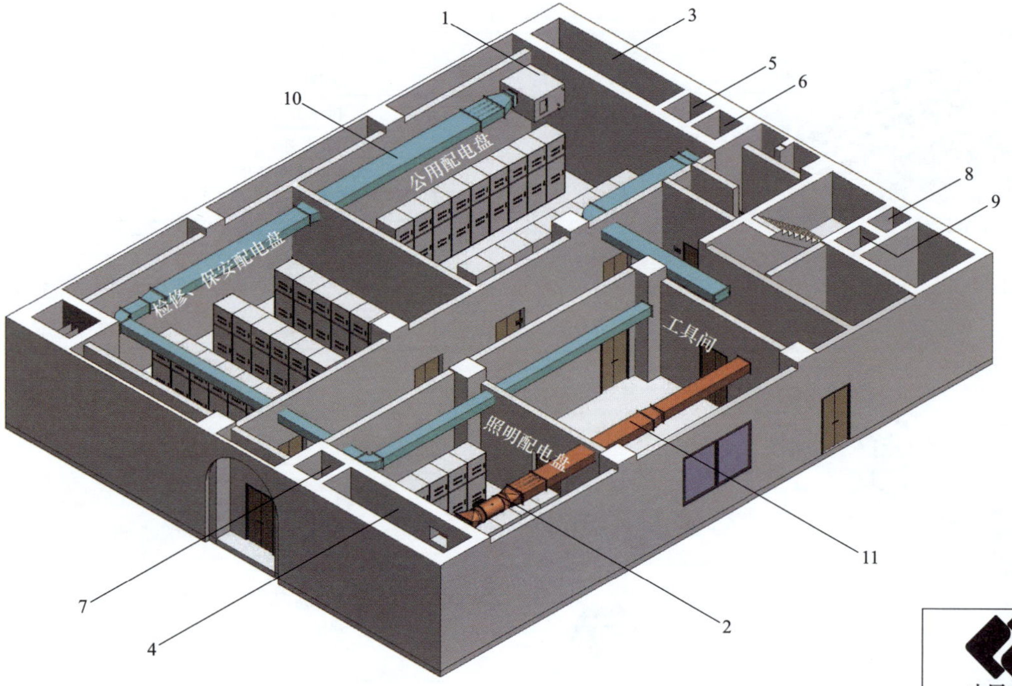

设备管路名称表

序号	名称	备注
1	空调	南方方案
	热风机	北方方案
2	风机	
3	送风竖井	
4	排风竖井	
5	管道井	
6	内走道补风竖井	
7	内走道排烟竖井	
8	楼梯间加压送风竖井	
9	合用前室加压送风竖井	
10	送风管	
11	排风管	

中国电建	中南勘测设计研究院有限公司				
核准			抽水蓄能电站	工程	技施设计
核定					通风部分
审查			主副厂房 低压配电盘层通风设备布置图		
校核					
设计					
制图					
发证单位	住房和城乡建设部	比例	见图	日期	20171223
设计证号	A143000032	图号	附图26		

附图 26　主副厂房低压配电盘层通风设备布置图

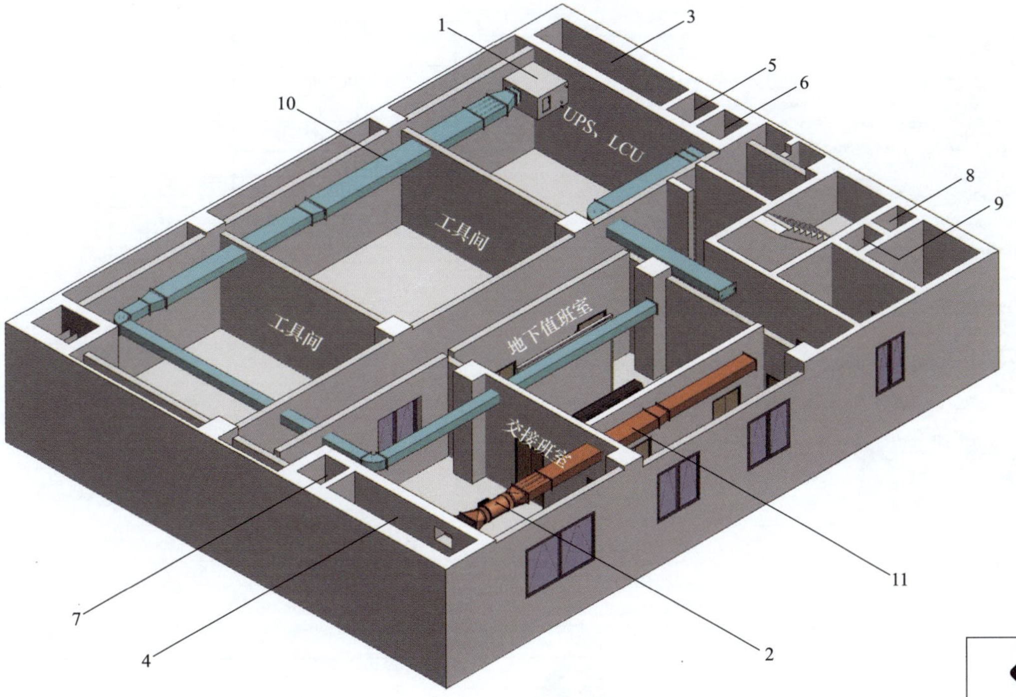

设备管路名称表

序号	名称	备注
1	空调	南方方案
	热风机	北方方案
2	风机	
3	送风竖井	
4	排风竖井	
5	管道井	
6	内走道补风竖井	
7	内走道排烟竖井	
8	楼梯间加压送风竖井	
9	合用前室加压送风竖井	
10	送风管	
11	排风管	

中国电建	中南勘测设计研究院有限公司				
核准			抽水蓄能电站 工程		技施设计
核定					通风部分
审查			主副厂房 监视设备层通风设备布置图		
校核					
设计					
制图					
发证单位	住房和城乡建设部	比例	见图	日期	20171223
设计证号	A143000032	图号	附图27		

附图 27　主副厂房监视设备层通风设备布置图

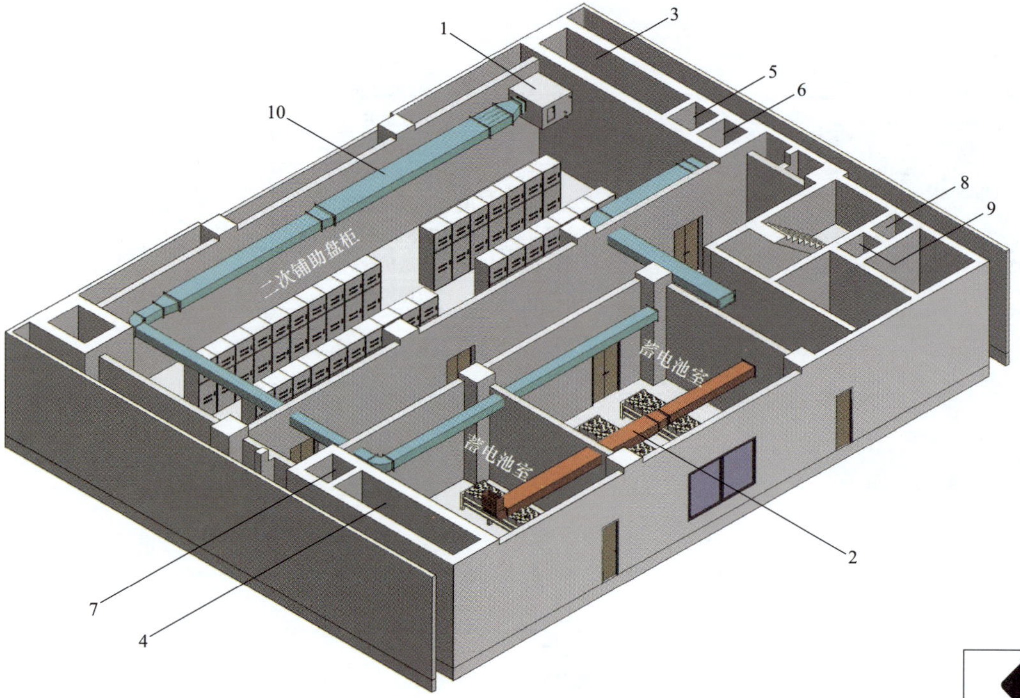

设备管路名称表

序号	名称	备注
1	空调	南方方案
	热风机	北方方案
2	排风管	
3	送风竖井	
4	排风竖井	
5	管道井	
6	内走道补风竖井	
7	内走道排烟竖井	
8	楼梯间加压送风竖井	
9	合用前室加压送风竖井	
10	送风管	

中国电建	中南勘测设计研究院有限公司					
核准			抽水蓄能电站	工程	技施设计	
核定					通风部分	
审查			主副厂房 蓄电池层通风设备布置图			
校核						
设计						
制图						
发证单位	住房和城乡建设部		比例	见图	日期	20171223
设计证号	A143000032		图号	附图28		

附图 28　主副厂房蓄电池层通风设备布置图

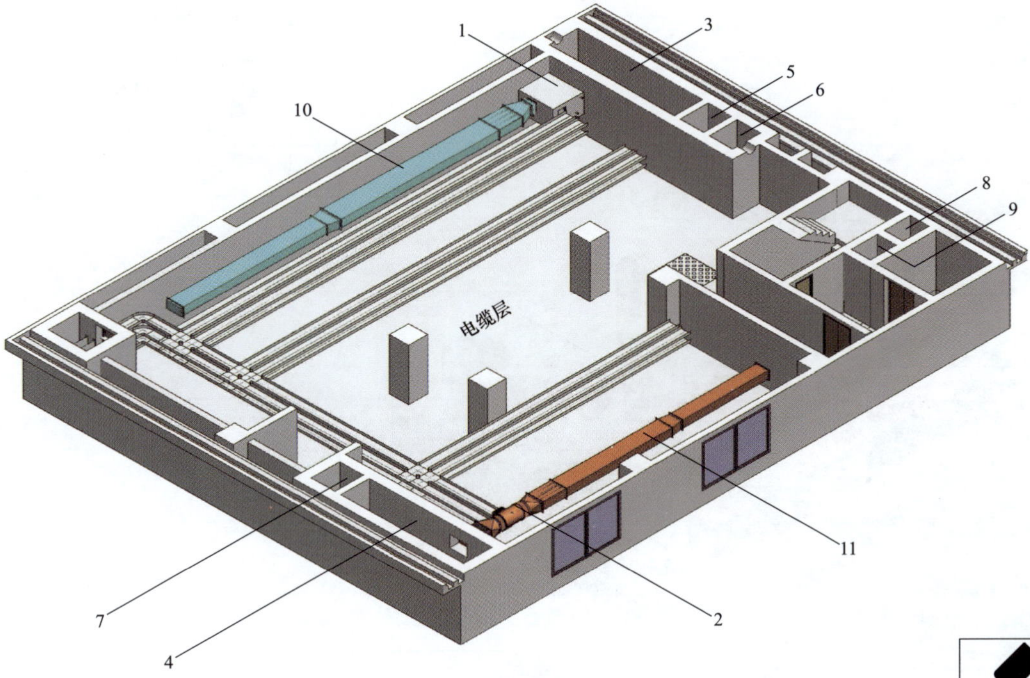

设备管路名称表

序号	名称	备注
1	空调	南方方案
	热风机	北方方案
2	风机	
3	送风竖井	
4	排风竖井	
5	管道井	
6	内走道补风竖井	
7	内走道排烟竖井	
8	楼梯间加压送风竖井	
9	合用前室加压送风竖井	
10	送风管	
11	排风管	

中国电建	中南勘测设计研究院有限公司				
核准			抽水蓄能电站 工程		技施设计
核定					通风部分
审查			主副厂房 电缆层通风设备布置图		
校核					
设计					
制图					
发证单位	住房和城乡建设部	比例	见图	日期	20171223
设计证号	A143000032	图号	附图29		

附图 29　主副厂房电缆层通风设备布置图

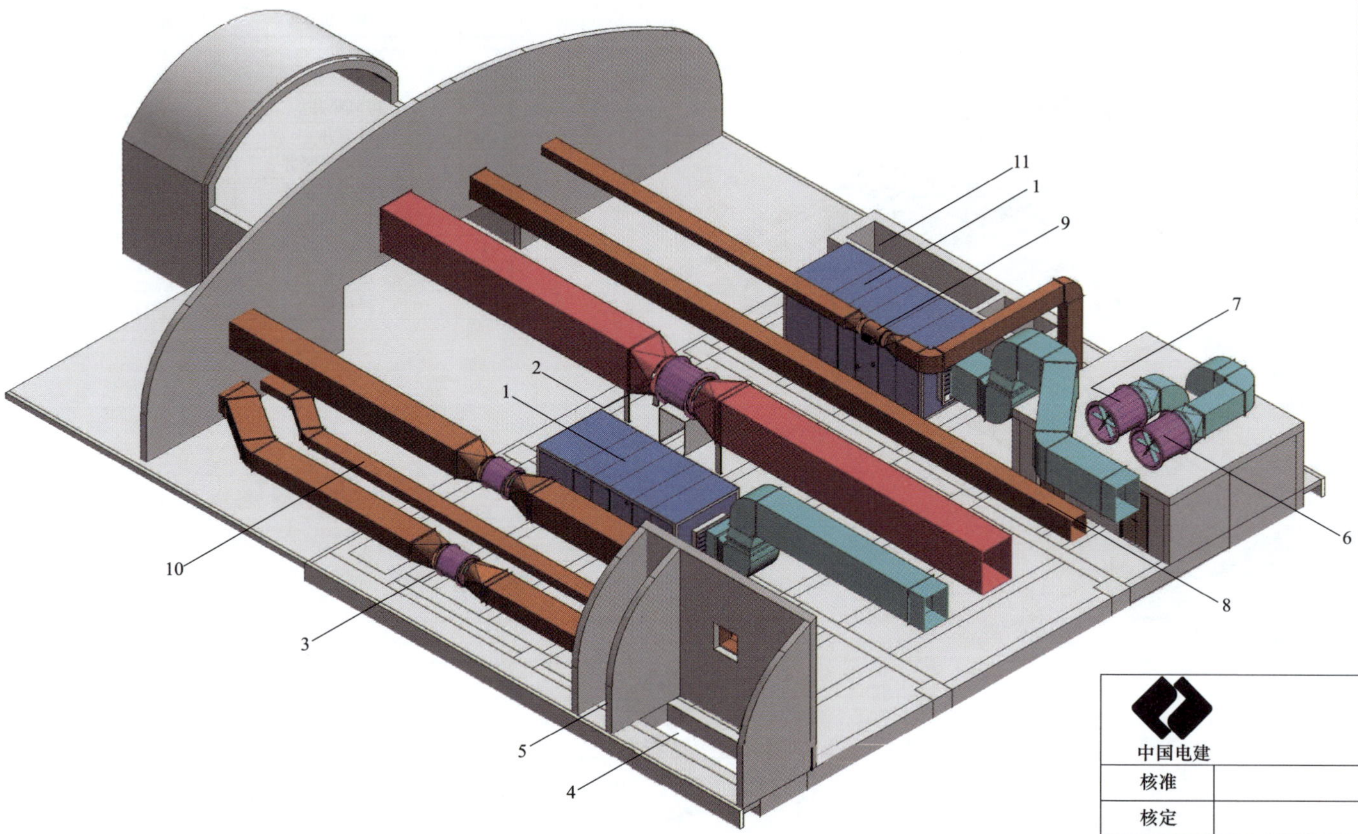

设备管路名称表

序号	名称	备注
1	空气处理机组	
2	主厂房发电机层排烟风机	
3	副厂房内走道排烟风机	
4	排风竖井	
5	内走道排烟竖井	
6	楼梯间加压送风机	
7	合用前室加压送风机	
8	透平油库排风管	
9	卫生间排风机	
10	蓄电池室排风机	
11	送风竖井	

中国电建

中南勘测设计研究院有限公司

核准		抽水蓄能电站	工程	技施设计	
核定				通风部分	
审查		主副厂房 通风设备层通风管道设备布置图			
校核					
设计					
制图					
发证单位	住房和城乡建设部	比例	见图	日期	20171223
设计证号	A143000032	图号	附图30		

附图 30　主副厂房通风设备层通风管道设备布置图

母线洞通风设备布置纵剖面图

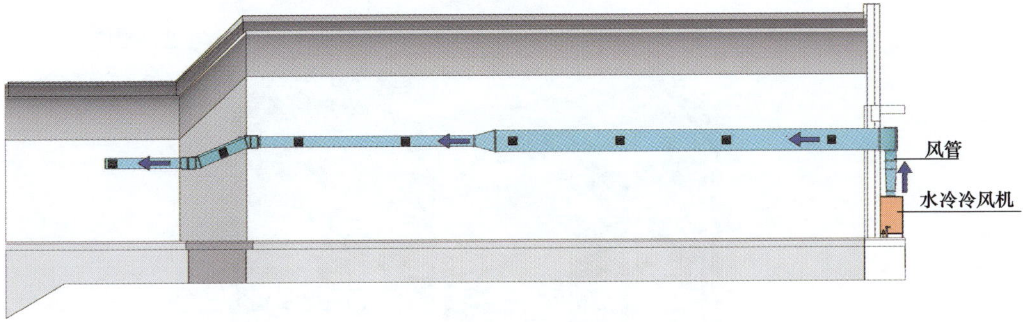

母线洞通风设备布置轴测图2

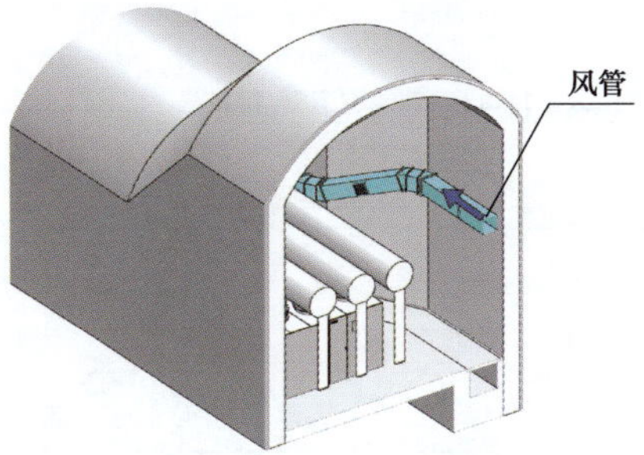

母线洞通风设备布置轴测图1

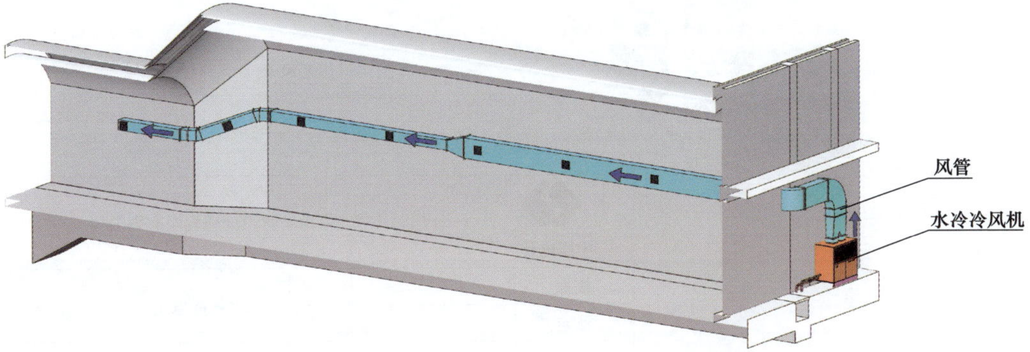

中国电建	中南勘测设计研究院有限公司				
核准			抽水蓄能电站	工程	技施设计
核定					通风部分
审查			母线洞通风设备布置图		
校核					
设计					
制图					
发证单位	住房和城乡建设部	比例	见图	日期	20180210
设计证号	A143000032	图号	附图31		

附图 31　母线洞通风设备布置图

主变压器洞通风设备布置横剖面图

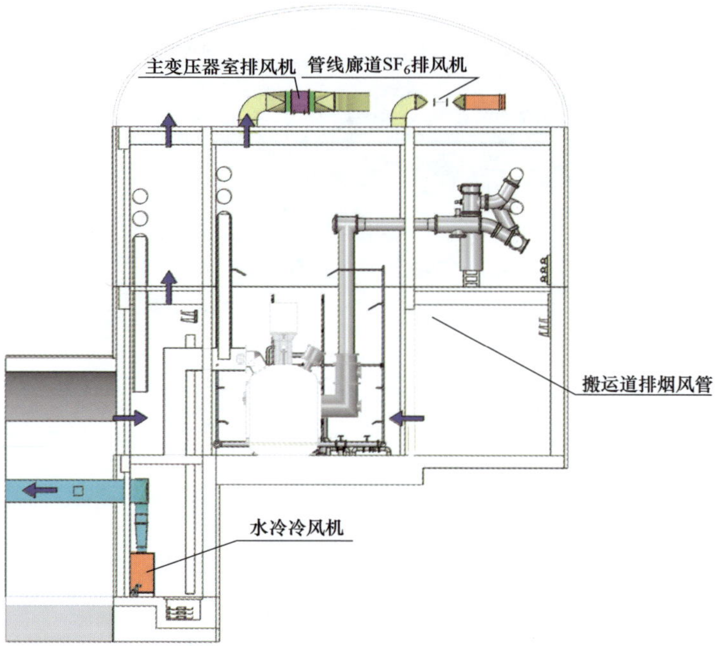

主变压器洞通风设备布置横剖视图

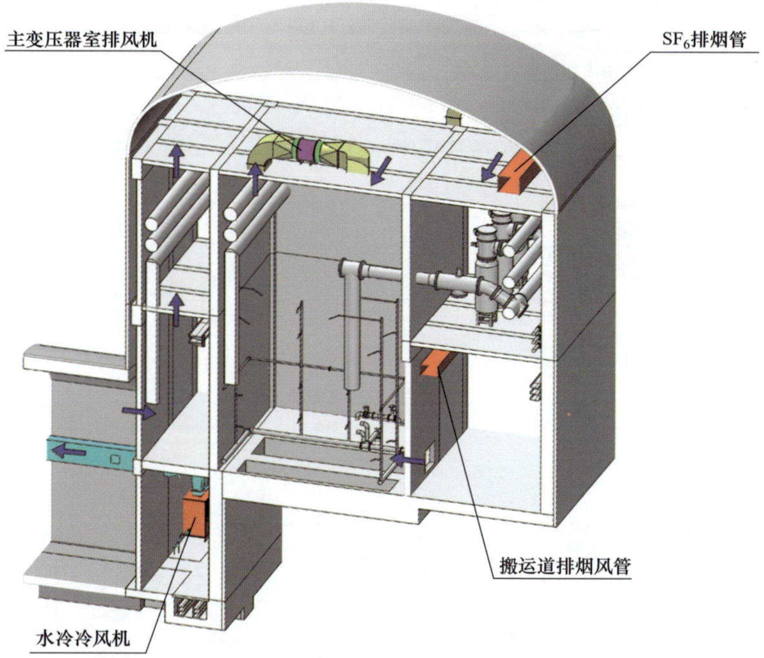

中国电建　中南勘测设计研究院有限公司

核准			抽水蓄能电站	工程	技施设计	
核定					通风部分	
审查			主变压器洞 通风设备布置横剖视图(南方方案)			
校核						
设计						
制图						
发证单位	住房和城乡建设部		比例	见图	日期	20180210
设计证号	A143000032		图号	附图32		

附图 32　主变压器洞通风设备布置横剖视图（南方方案）

主变压器洞通风设备布置横剖面图

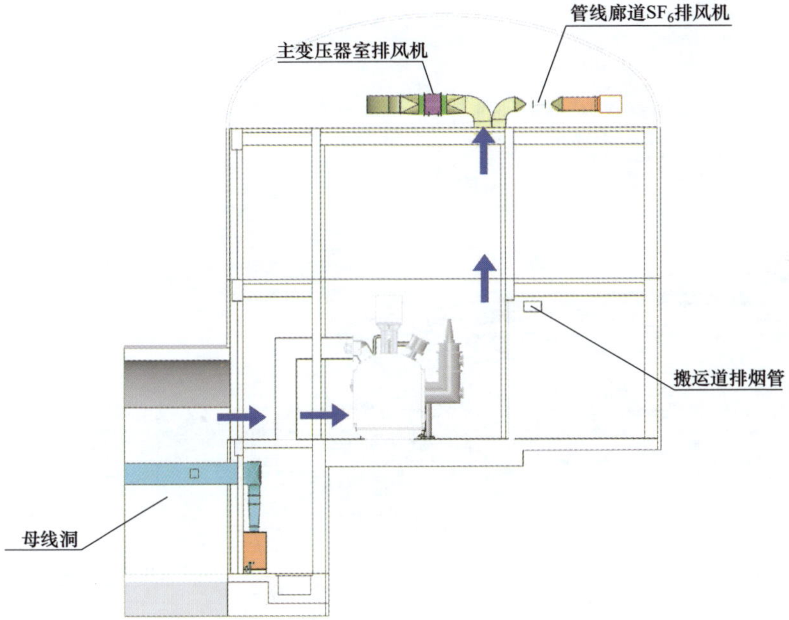

主变压器洞通风设备布置横剖视图

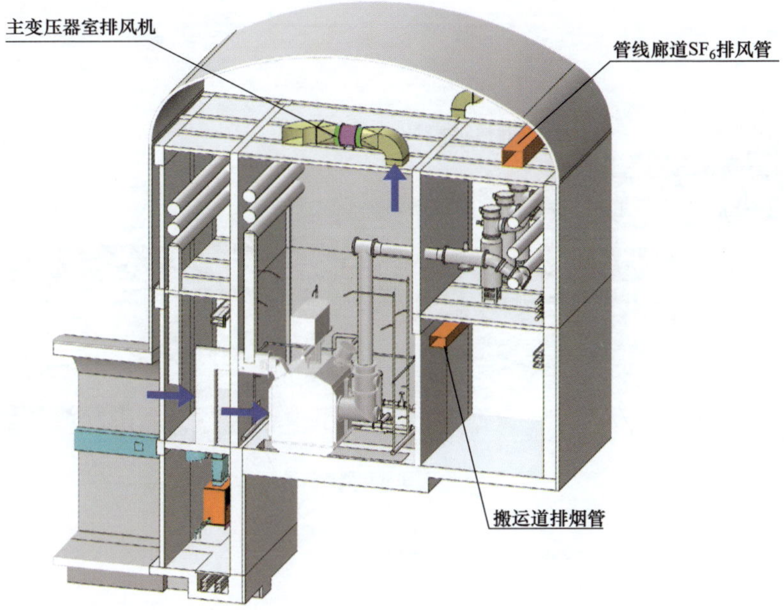

中国电建	中南勘测设计研究院有限公司				
核准			抽水蓄能电站	工程	技施设计
核定					通风部分
审查			主变压器洞 通风设备布置横剖视图(北方方案)		
校核					
设计					
制图					
发证单位	住房和城乡建设部	比例	见图	日期	20180210
设计证号	A143000032	图号	附图33		

附图 33　主变压器洞通风设备布置横剖视图（北方方案）

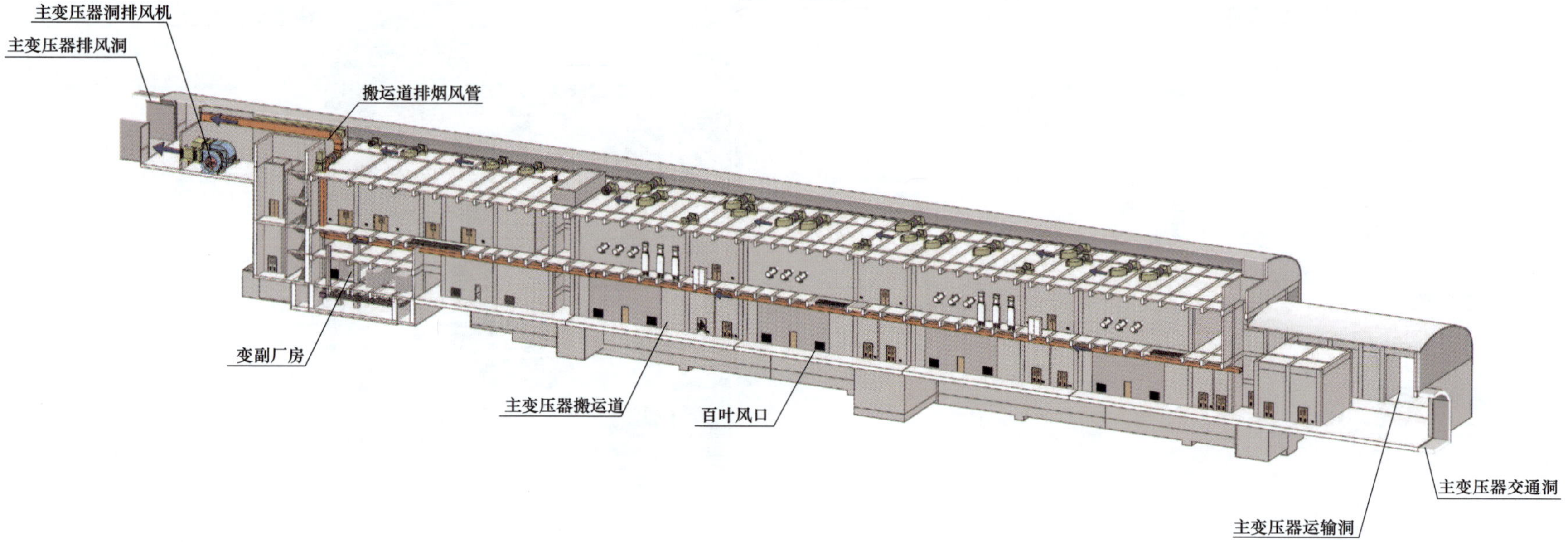

中国电建	中南勘测设计研究院有限公司				
核准			抽水蓄能电站 工程		技施设计
核定					通风部分
审查			主变压器洞 通风设备布置纵剖视图(南方方案)		
校核					
设计					
制图					
发证单位	住房和城乡建设部	比例	见图	日期	20180210
设计证号	A143000032	图号	附图34		

附图 34 主变压器洞通风设备布置纵剖视图（南方方案）

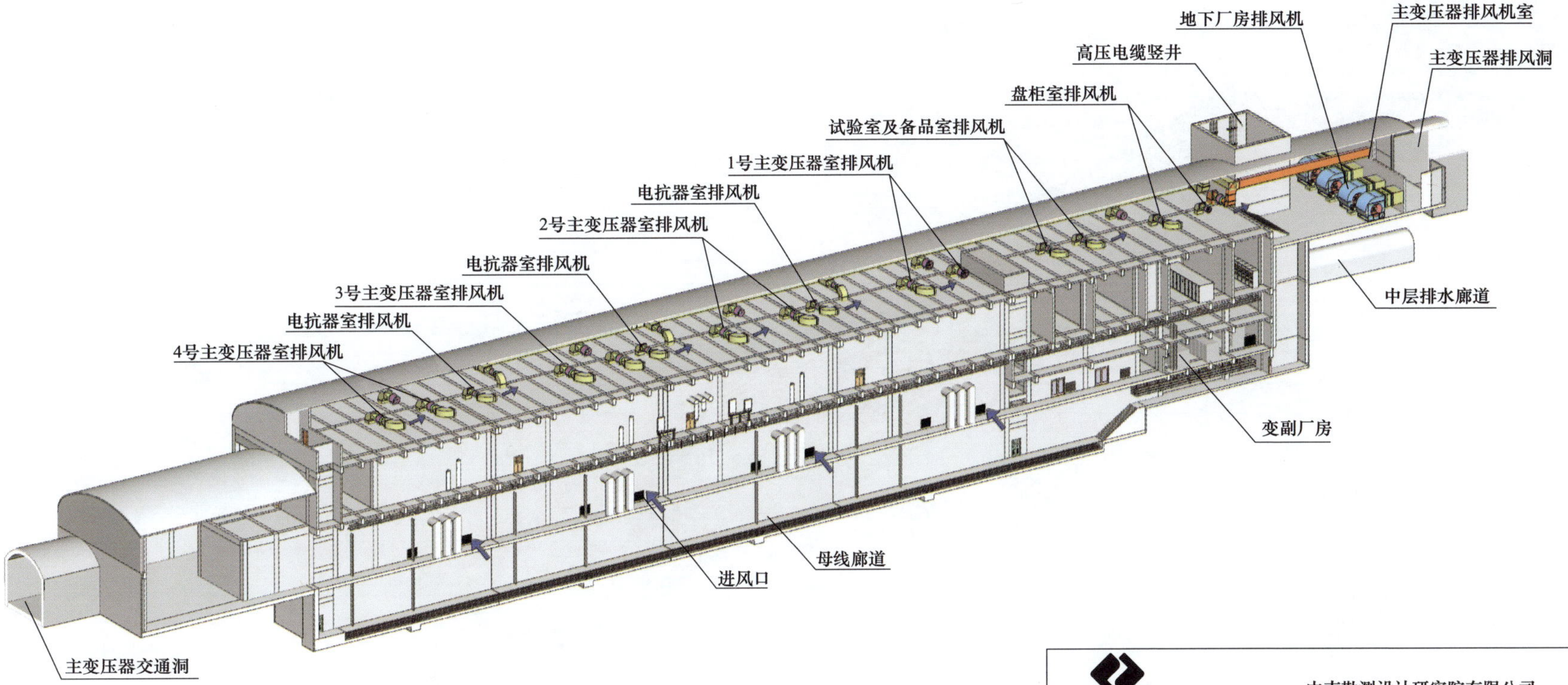

中国电建	中南勘测设计研究院有限公司				
核准			抽水蓄能电站	工程	技施设计
核定					通风部分
审查			主变压器洞 通风设备布置纵剖视图(北方方案)		
校核					
设计					
制图					
发证单位	住房和城乡建设部	比例	见图	日期	20180210
设计证号	A143000032	图号	附图35		

附图 35　主变压器洞通风设备布置纵剖视图（北方方案）

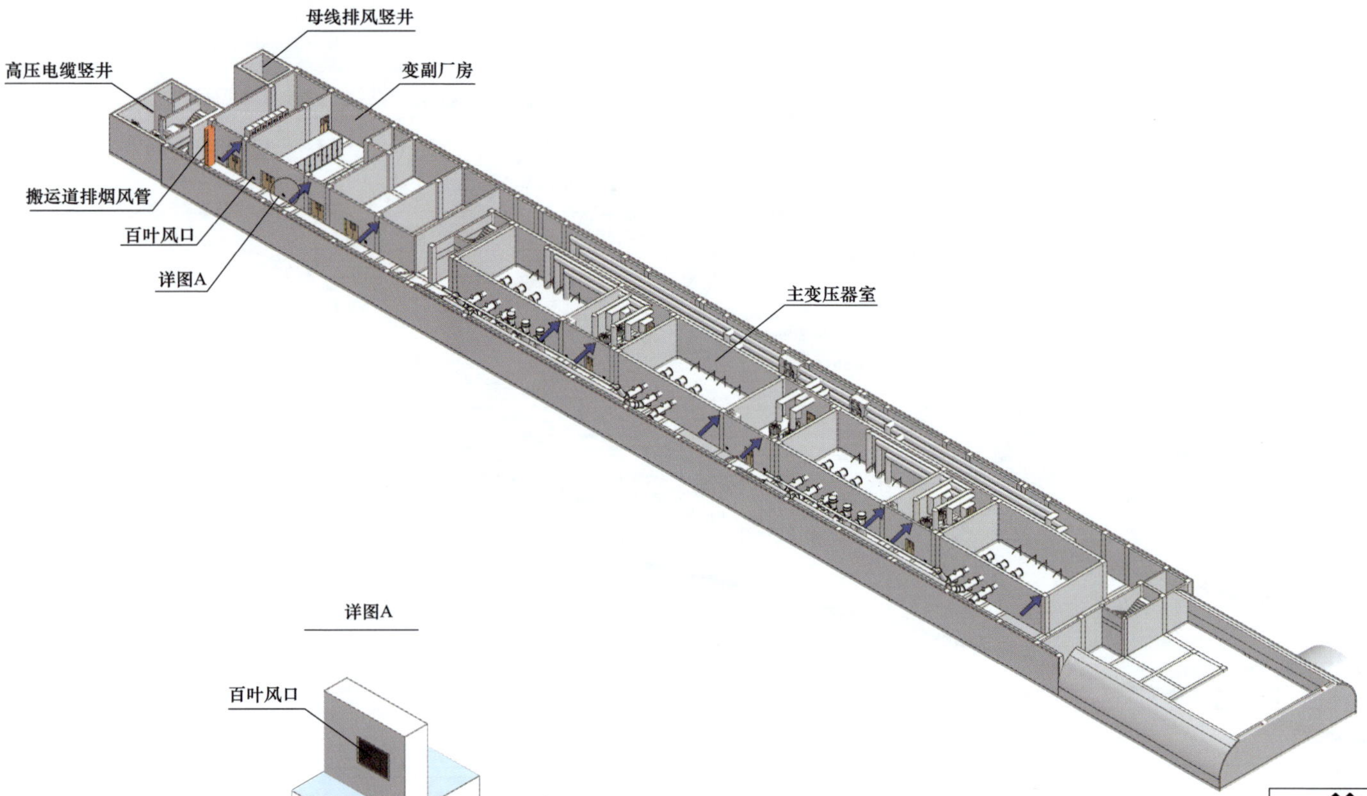

详图A

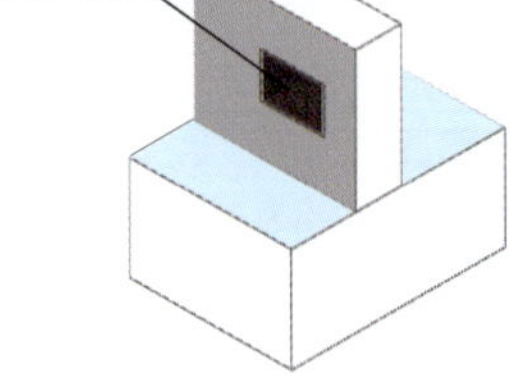

中国电建	中南勘测设计研究院有限公司				
核准			抽水蓄能电站	工程	技施设计
核定					通风部分
审查			主变压器洞 GIS层通风设备布置图(南方方案)		
校核					
设计					
制图					
发证单位	住房和城乡建设部		比例	见图	日期 20180210
设计证号	A143000032		图号	附图36	

附图 36　主变压器洞 GIS 层通风设备布置图（南方方案）

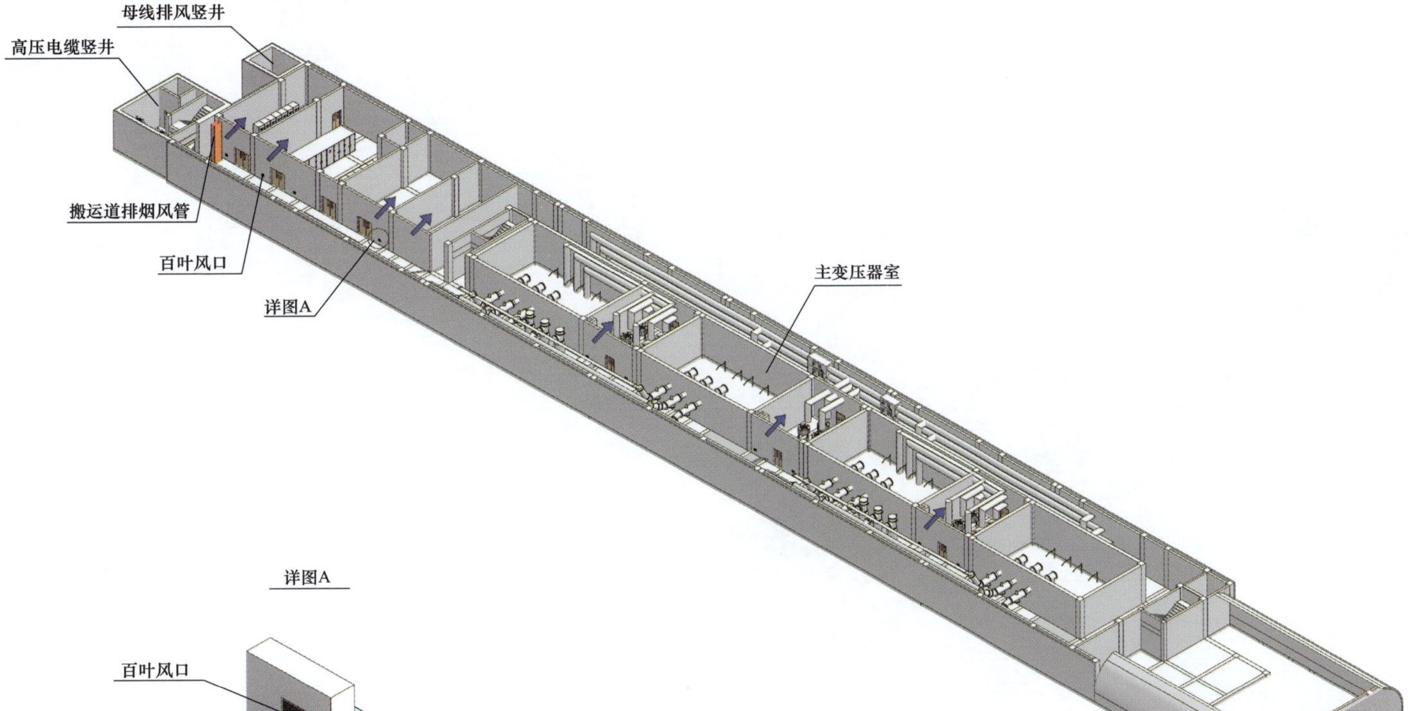

详图A

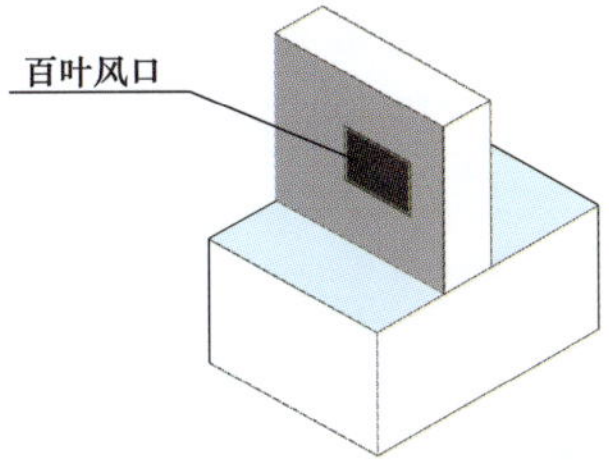

中国电建	中南勘测设计研究院有限公司					
核准			抽水蓄能电站	工程	技施设计	
核定					通风部分	
审查			主变压器洞 GIS层通风设备布置图(北方方案)			
校核						
设计						
制图						
发证单位	住房和城乡建设部	比例	见图	日期	20180210	
设计证号	A143000032	图号	附图37			

附图 37 主变压器洞 GIS 层通风设备布置图（北方方案）

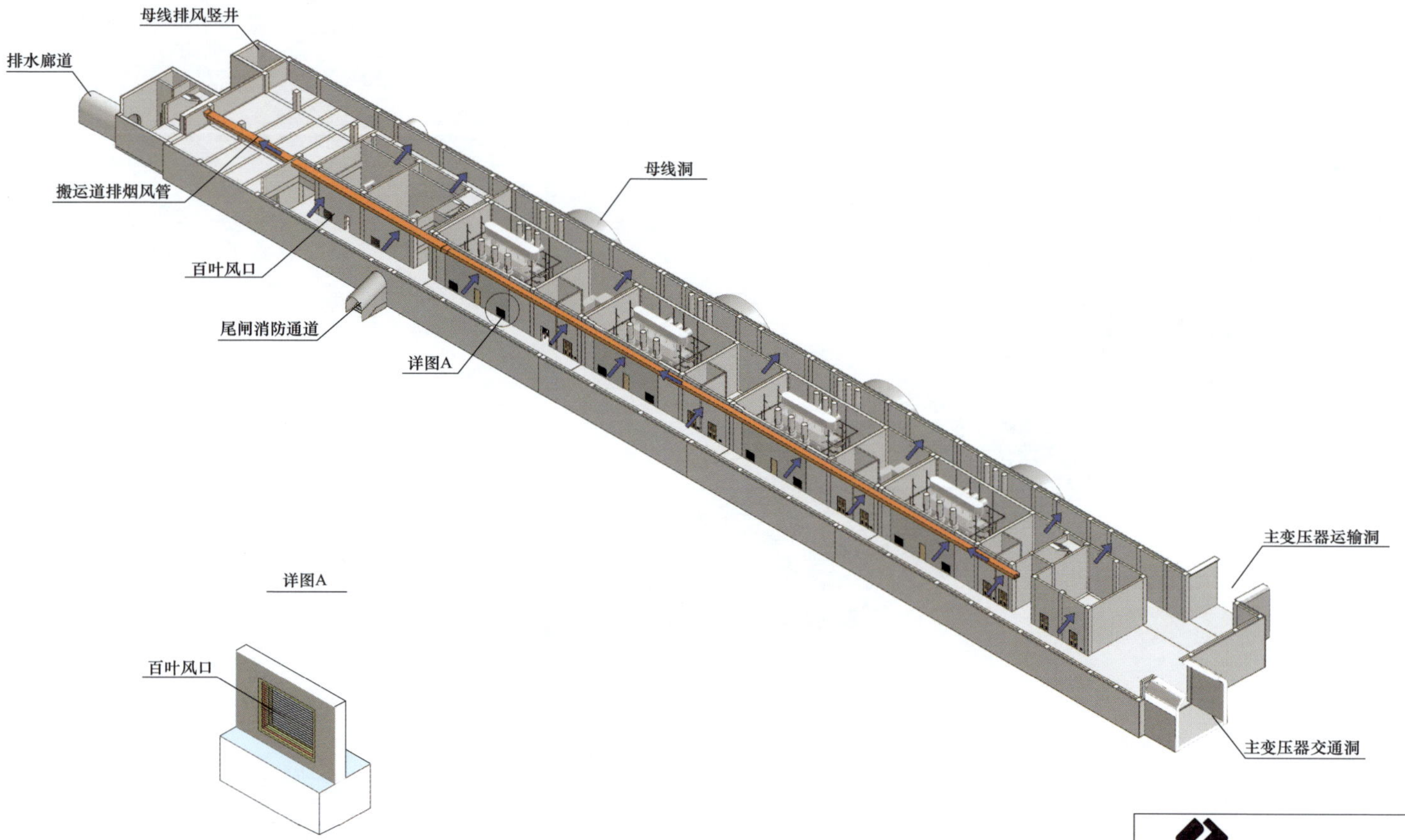

中国电建	中南勘测设计研究院有限公司					
核准			抽水蓄能电站	工程	技施设计	
核定					通风部分	
审查			主变压器洞 主变压器层通风设备布置图(南方方案)			
校核						
设计						
制图						
发证单位	住房和城乡建设部		比例	见图	日期	20180210
设计证号	A143000032		图号	附图38		

附图 38　主变压器洞主变压器层通风设备布置图（南方方案）

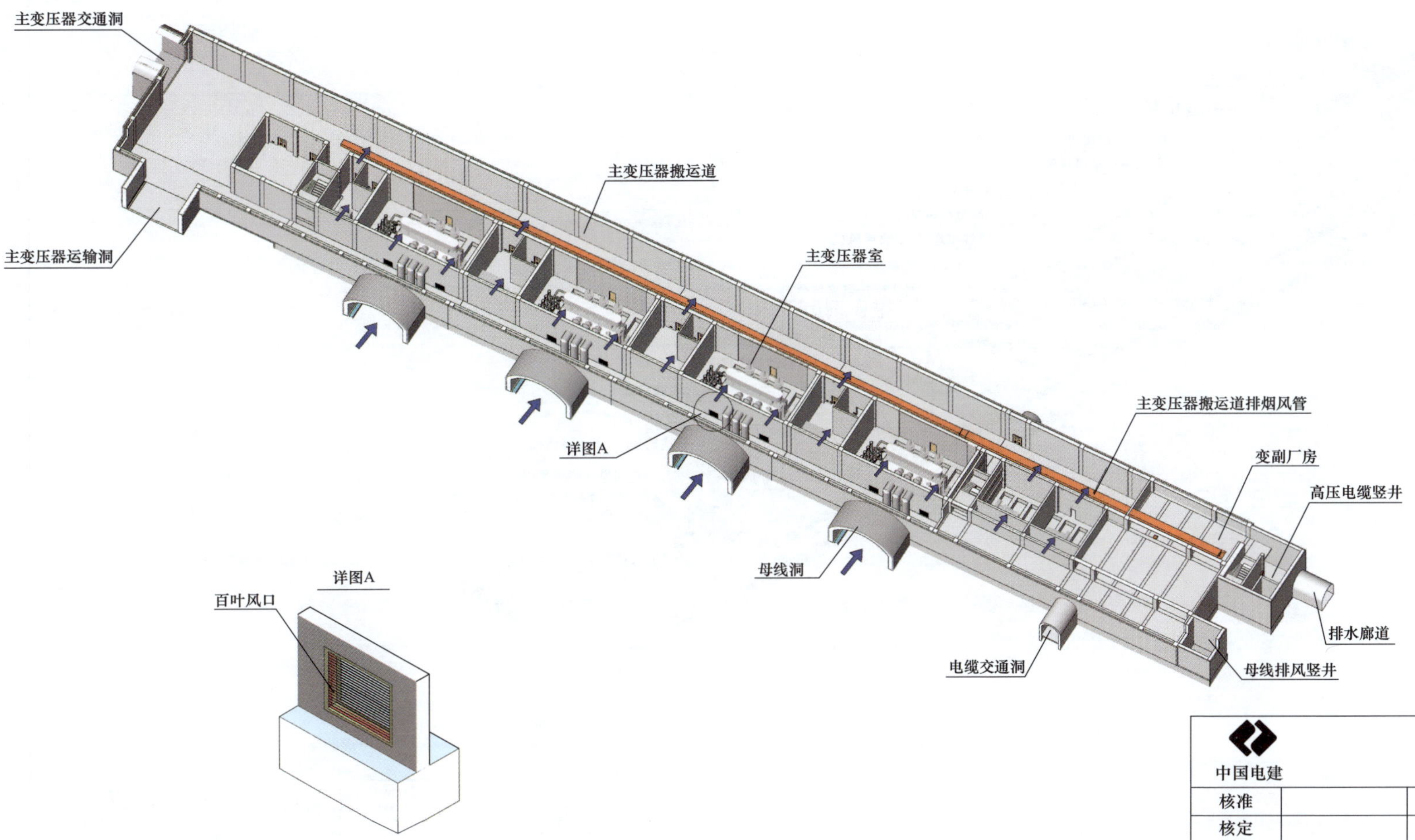

中国电建	中南勘测设计研究院有限公司				
核准			抽水蓄能电站　工程		技施设计
核定					通风部分
审查			主变压器洞 主变压器层通风设备布置图(北方方案)		
校核					
设计					
制图					
发证单位	住房和城乡建设部	比例	见图	日期	20180210
设计证号	A143000032	图号	附图39		

附图 39　主变压器洞主变压器层通风设备布置图（北方方案）

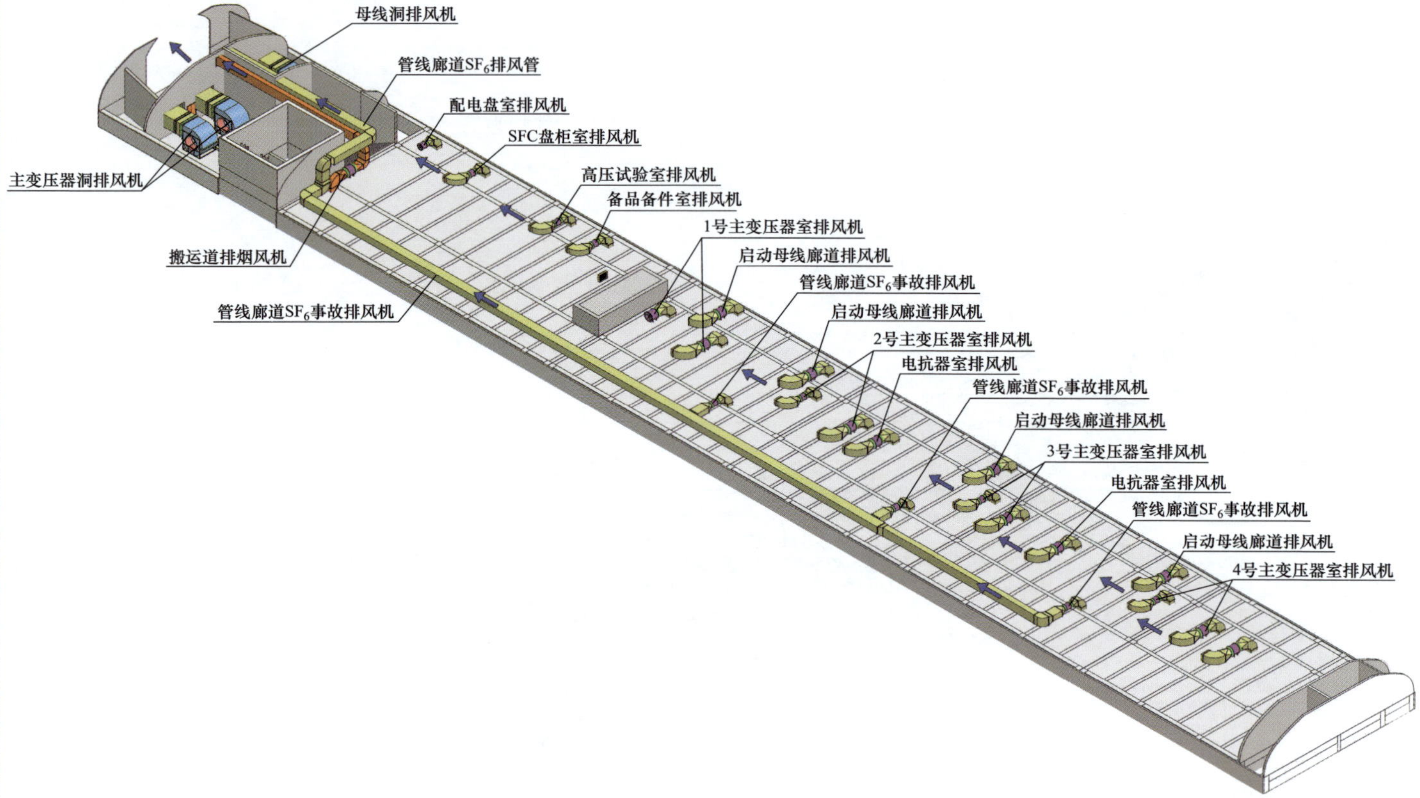

中国电建	中南勘测设计研究院有限公司				
核准			抽水蓄能电站	工程	技施设计
核定					通风部分
审查			主变压器洞 通风设备层设备布置图(南方方案)		
校核					
设计					
制图					
发证单位	住房和城乡建设部	比例	见图	日期	20180210
设计证号	A143000032	图号	附图40		

附图 40　主变压器洞通风设备层设备布置图（南方方案）

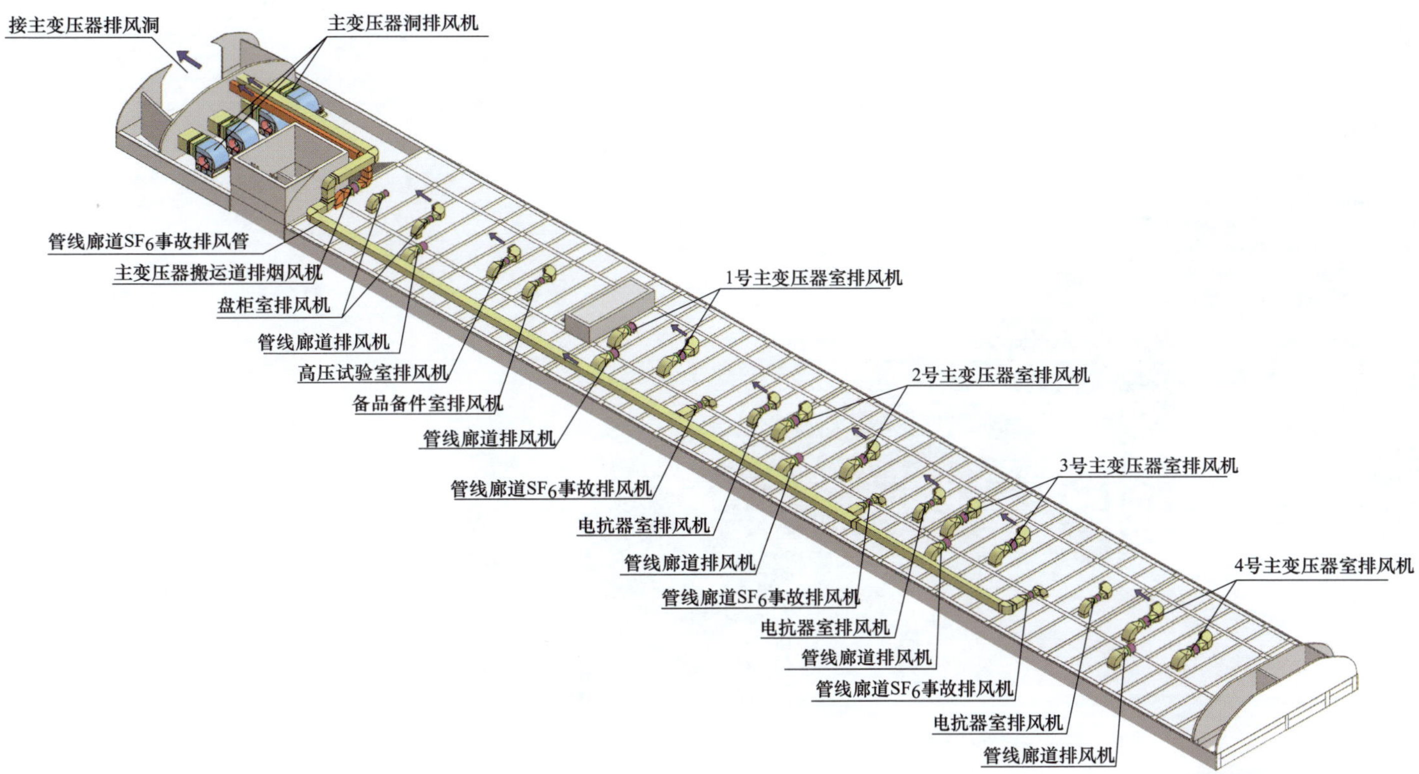

中国电建	中南勘测设计研究院有限公司				
核准			抽水蓄能电站 工程		技施设计
核定					通风部分
审查			主变压器洞 通风设备层设备布置图(北方方案)		
校核					
设计					
制图					
发证单位	住房和城乡建设部	比例	见图	日期	20180210
设计证号	A143000032	图号	附图41		

附图 41　主变压器洞通风设备层设备布置图（北方方案）

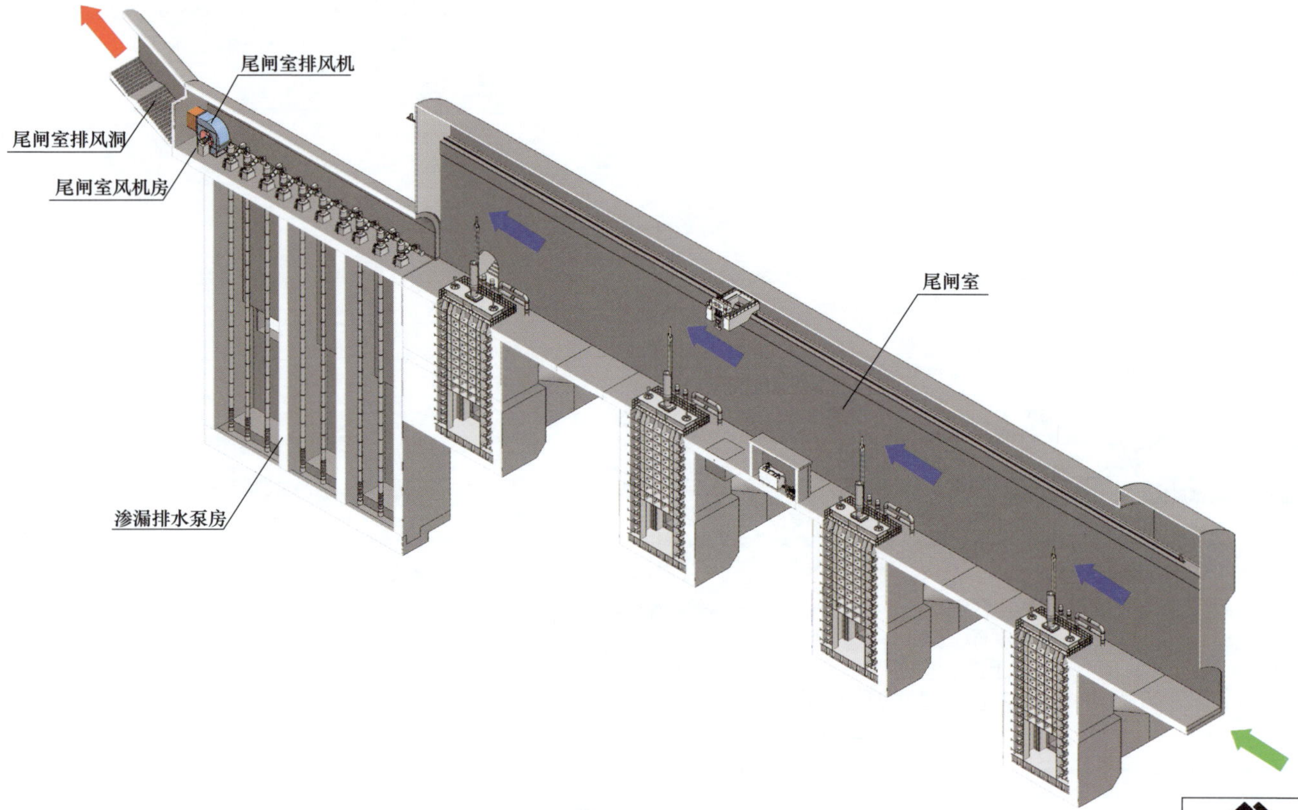

中国电建	中南勘测设计研究院有限公司					
核准			抽水蓄能电站	工程	技施设计	
核定					通风部分	
审查			尾闸室通风设备布置纵剖视图			
校核						
设计						
制图						
发证单位	住房和城乡建设部		比例	见图	日期	20180210
设计证号	A143000032		图号	附图42		

附图 42　尾闸室通风设备布置纵剖视图

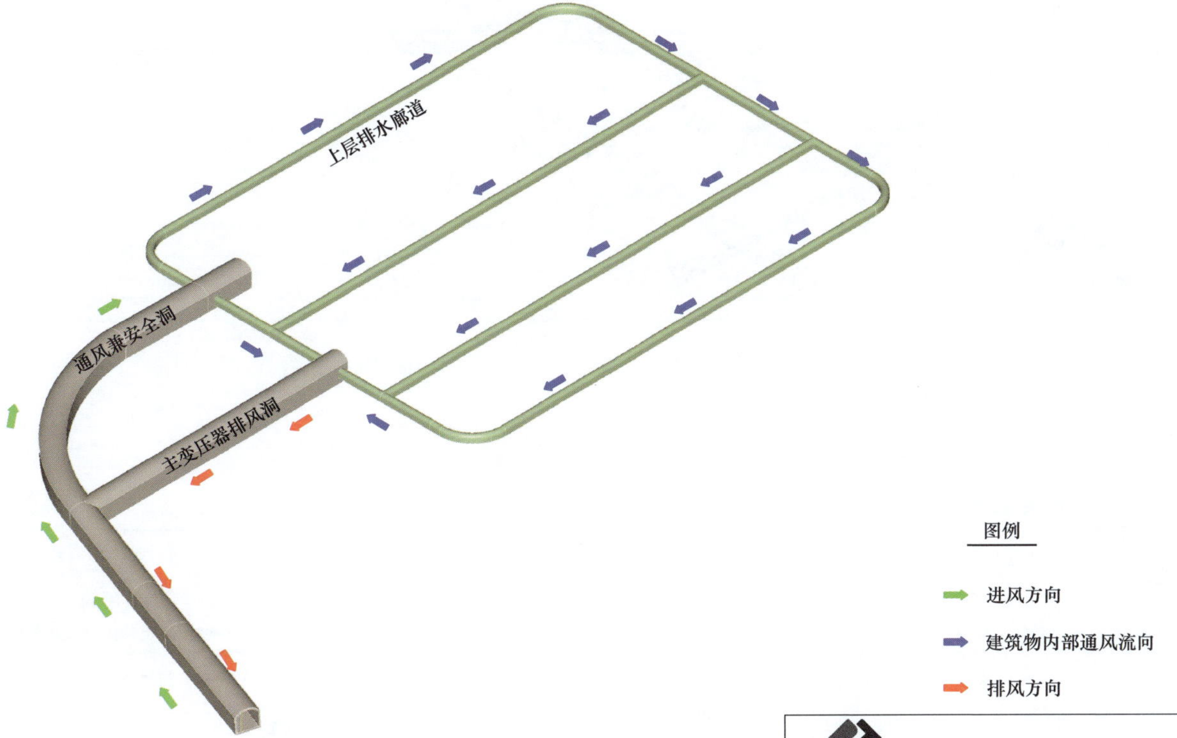

中国电建	中南勘测设计研究院有限公司				
核准			抽水蓄能电站	工程	技施设计
核定					通风部分
审查			上层排水廊道通风路线图		
校核					
设计					
制图					
发证单位	住房和城乡建设部	比例	见图	日期	20171223
设计证号	A143000032	图号	附图43		

附图 43　上层排水廊道通风路线图

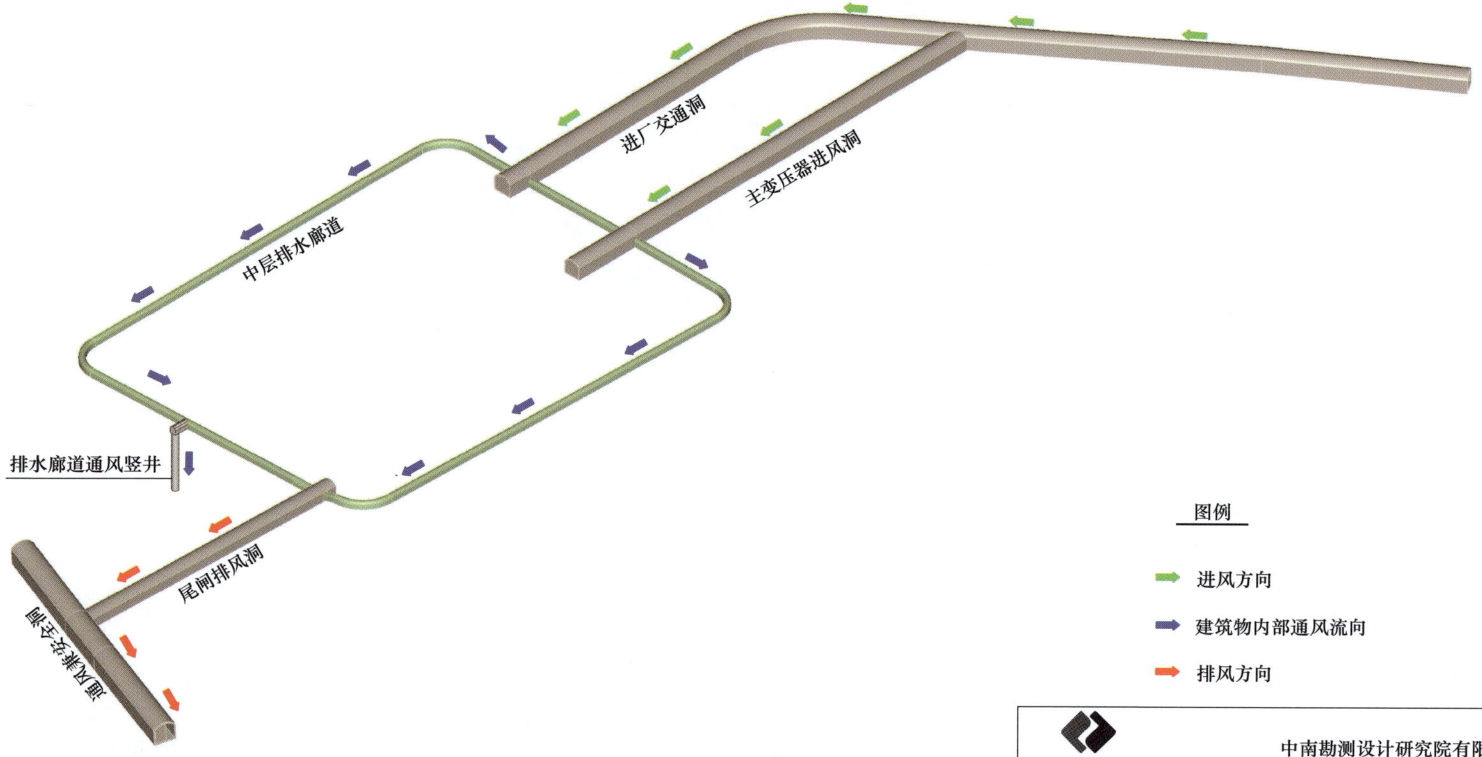

中国电建	中南勘测设计研究院有限公司				
核准			抽水蓄能电站	工程	技施设计
核定					通风部分
审查			中层排水廊道通风路线图		
校核					
设计					
制图					
发证单位	住房和城乡建设部	比例	见图	日期	20171223
设计证号	A143000032	图号	附图44		

附图 44　中层排水廊道通风路线图

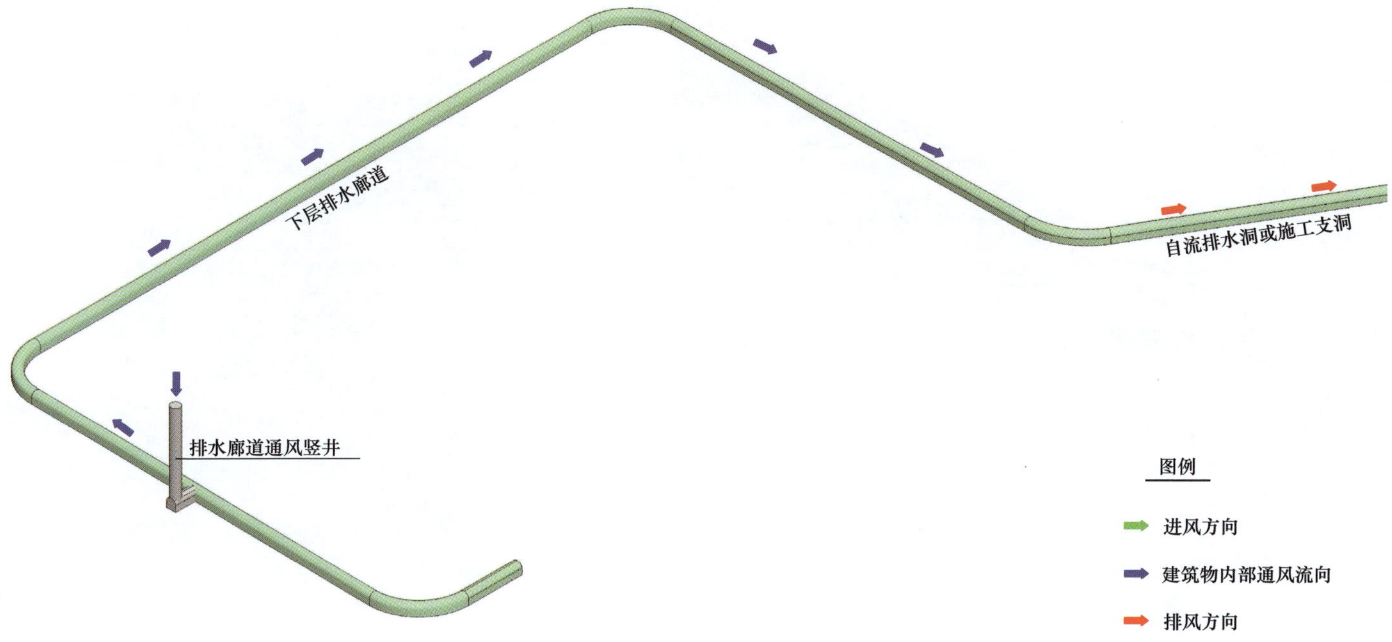

中国电建	中南勘测设计研究院有限公司				
核准			抽水蓄能电站 工程		技施设计
核定					通风部分
审查			下层排水廊道通风路线图		
校核					
设计					
制图					
发证单位	住房和城乡建设部	比例	见图	日期	20171223
设计证号	A143000032	图号	附图45		

附图 45　下层排水廊道通风路线图

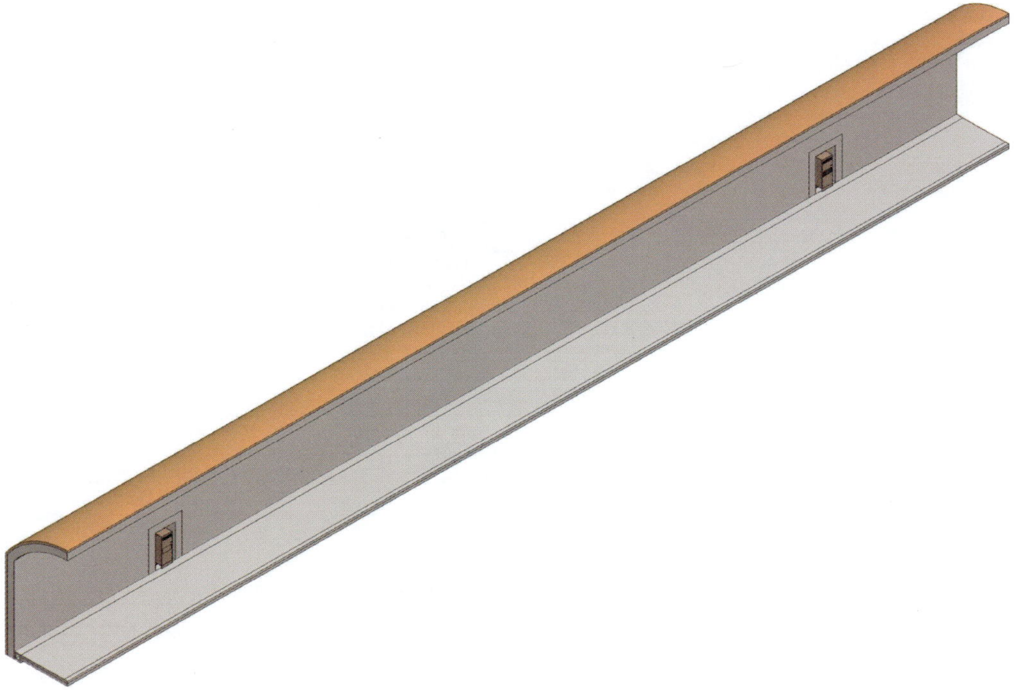

除湿设备机坑布置示意图

中国电建	中南勘测设计研究院有限公司				
核准			抽水蓄能电站 工程		技施设计
核定					通风部分
审查			进厂交通洞除湿设备布置图		
校核					
设计					
制图					
发证单位	住房和城乡建设部	比例	见图	日期	20171223
设计证号	A143000032	图号	附图46		

附图 46　进厂交通洞除湿设备布置图